U0051947

50 款永不凋謝的

不織布擬真花

手作 花圖鑑

INTRODUCTION

希望比日常特別一點 –不織布的花飾品

希望能裝飾日常生活與穿著打扮的手作花飾。

不織布裁剪後，不必作任何處理，能輕鬆地作成花朵，任何人都可以盡情享受製作樂趣。

只需要照著紙型裁剪，以白膠或縫線連結固定。花一點點時間製作，就能完成了。

多花些心思處理細節與形狀，完成的不織布花朵更是栩栩如生。

喜愛的花、季節的花，就動手作作看吧！

書中介紹的，都是風格獨特，能夠為平凡生活營造特別氛圍的花。

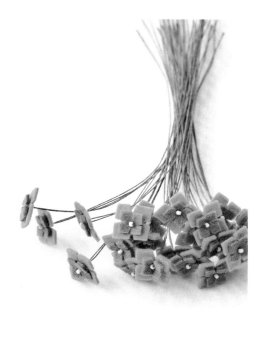

CONTENS — 目錄

Arrange 作品為No.1－50的變化
組合。

AD＆書籍設計：久能真理　協助設計：青柳萌々　攝影：山口 明　造型設計：前田かおり　髮妝：KOMAKI
模特兒：Adelaide Young（Sugar & SP.ice）　作法插畫：三島惠子　印刷：圖書印刷

ROSE

玫瑰圖鑑

No.1

No.2

No.3

No.4

No.1 簇生型玫瑰 [Arrange]

No.2 茶玫瑰 [Arrange]

No.3 古典玫瑰

No.4 英國玫瑰 [Arrange]

> 作法 P.10・14・49至51

No.5 迷你玫瑰
No.6 野玫瑰
No.7 大馬士革玫瑰（2色）

＞作法 P.50・P.52至53

簇生型玫瑰造型胸針／
茶玫瑰造型胸針

Arrange No.1・17／No.2 ＞作法 P.10・99

No.1與No.2玫瑰的變化組合款胸針。葉子加上鐵絲，
微微反摺讓表情更生動，簇生型玫瑰（左）搭配花蕾與
小花，增添分量，顯得更大氣。

Arrange
No.1 簇生型玫瑰
No.17雪球花

Arrange
No.2 茶玫瑰

英國玫瑰造型胸花

Arrange ＜No.4 ＞作法 P.14

以姿態優雅的大紅色杯形玫瑰，完成風格獨
特，值得珍藏配戴的胸花。輕輕地裝飾於胸
前或披肩上吧！

茶玫瑰造型胸針　> P.08

Arrange No.2

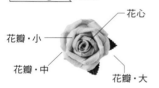

花瓣・小　　花心

花瓣・中

花瓣・大

花心
（1片）

花瓣・小
（3片）

花瓣・中
（5片）

花瓣・大
（6片）

運用〔技法①以一片花形不織布製作花心〕要領，完成花心

1 準備花心用不織布。

2 花瓣狀部分的基部（1處）塗抹白膠。不織布無正反面之分，塗抹哪一面都可以。

3 將基部塗抹白膠的花瓣狀部分，捲繞成小喇叭狀。

繼續捲繞

4 以珠針固定，相鄰花瓣狀部分的基部也塗抹白膠，以步驟3為中心，繼續捲繞。珠針插在沒有塗抹白膠的部分，方便拔出。

5 相鄰花瓣狀部分塗抹白膠，依序捲繞。圖為捲繞最後一個花瓣狀部分之前的樣貌。

6 捲繞所有花瓣狀部分後樣貌。完成花心。

7 準備花瓣（圖中為小）。剪V形切口的另一側（花瓣尖端）邊緣塗抹白膠。

8 另一側邊緣塗抹白膠，藉由竹籤捲起邊緣，以珠針固定。另一側尖端以同樣作法處理。

9 以夾子夾住尖端的中心。

材料 ※原寸紙型P.116

○不織布
・P..6紅色系 〈花心〉〈花瓣・小〉120／〈花瓣・中〉117／〈花瓣・大〉144
・P..8粉紅色系 〈花心〉〈花瓣・小〉221／〈花瓣・中〉336／〈花瓣・大〉301／〈葉子〉444
○其他
・鐵絲（#24）2根・長3.5cm安全別針（No.59／K）1個・厚紙・手藝用白膠・縫線

10 白膠確實乾燥後，取下珠針與夾子，斜斜地修剪突出部分，但需避免修剪過度。

11 依照步驟**7**至**10**作法，進行大至小的所有花瓣加工。

運用〔技法②以複數片不織布製作杯形花瓣〕要領，完成花瓣

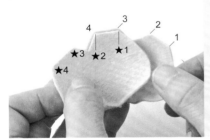
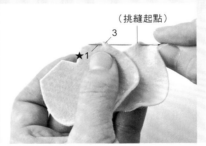
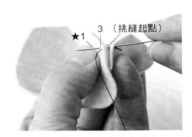

12 花瓣加工處理後，剪V形切口側（內側）朝上，2片花瓣（圖中為大）相互重疊1/2。

13 取1股縫線，穿針後打始縫結，挑縫角上部位（2、3／★1）。※圖中使用較顯眼的縫線，希望更清楚地解說示範。

14 再次挑縫步驟**13**的角上部位（2、3／★1）。挑縫2次，確實固定。

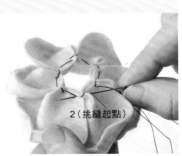

15 第2片重疊第3片，重疊花瓣的1/2，依照步驟**13**至**14**作法，挑縫角上部位2次。

16 依序重疊花瓣，最後一片重疊第一片。圖中為縫至第一片花瓣挑縫起點的角上部位（第1片1）時樣貌。

17 挑縫最後一片與第一片花瓣的角上部位（挑縫起點）2次，完成杯形花瓣。打止縫結後剪線。花瓣・中及花瓣・小同樣連結成杯形。

Point
以鑷子完成細部作業吧！
確實壓入底部。

花心
花瓣·小

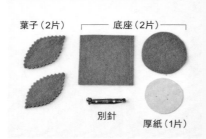

花瓣·中
花瓣·大

18 完成各部分後，利用白膠，由內側開始，依序組合。花心基部塗抹白膠，放入連結成杯形的花瓣·小之中黏貼固定。

19 其他部分同樣依花瓣·中→花瓣·大順序，塗抹白膠後，依序組合。完成茶玫瑰。

胸針作法

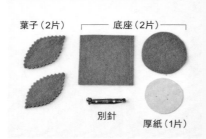

葉子（2片）　──底座（2片）──

別針　　厚紙（1片）

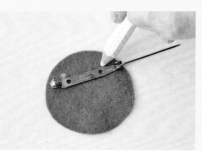

20 準備胸針用材料。裁剪厚紙，直徑略小於底座。

21 將別針疊在底座上方1/4處，微微地偏向孔洞外側作記號。

22 記號處劃上切口。

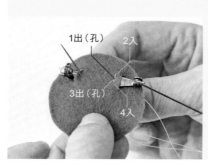

1出（孔）　2入

3出（孔）

4入

底座（背面）

23 由切口處穿入別針。取1股縫線，穿針後打始縫結，挑縫別針孔洞，縫住別針。

24 分別縫2次，確實縫住。縫針穿向底座的背面側，打止縫結之後剪線。

25 底座用厚紙的其中一面塗抹白膠之後，黏貼於步驟**24**的背面。全面塗抹白膠。

Point
白膠確實乾燥之前，進行修剪吧！
白膠凝固硬化之後，就會不容易修剪。

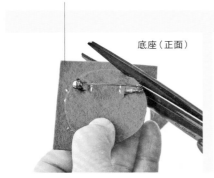

底座（正面）

底座（背面）

依喜好修剪成圓弧狀。

（背面）

26 裁剪一片面積大一點的不織布，黏貼底座之後，沿著輪廓修剪。黏貼後修剪，形狀更漂亮。

27 兩片葉子（A類型）的尖端分別塗抹白膠之後，重疊黏貼於底座背面。

28 花朵背面塗抹白膠，黏貼於底座背面側即完成。

葉子（A類型）作法

捻2至3次。

1 對摺鐵絲，調整形狀為略小於葉子，捻鐵絲交叉點2至3次，固定形狀。

2 葉子的其中一面塗抹白膠，重疊鐵絲之後黏貼。

3 重疊黏貼於裁剪面積大一點的葉子用不織布上。

4 配合葉子輪廓，進行修剪。貼合2片時，黏貼後修剪，形狀更漂亮。

5 以剪鉗剪掉超出葉子範圍的鐵絲。

6 使用鋸齒剪刀，將葉子邊緣修剪成鋸齒狀。

英國玫瑰造型胸花 ＞ P.09

Arrange ＜ No.4

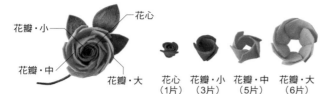

花瓣・小 ── 花心
花瓣・中
花瓣・大

花心（1片）　花瓣・小（3片）　花瓣・中（5片）　花瓣・大（6片）

材料 ※原寸紙型P.116

○不織布
・P..6粉紅色系 〈花心〉〈花瓣・小〉123／〈花瓣・中〉103／〈花瓣・大〉301
・P..9紅色系 〈花心〉〈花瓣・小〉120／〈花瓣・中〉116／〈花瓣・大〉〈底座〉105／〈葉子〉442
○其他
・鐵絲（＃24）2根
・長3.5cm安全別針（No.59／K）1個
・花藝膠帶・手藝用白膠・縫線

花瓣・小
花瓣・中
花瓣・大

花心 ── 花瓣・小
花瓣・中
花瓣・大

1 準備花心，運用〔技法①以一片花形不織布製作花心〕（P.10）要領，完成花心。

2 準備花瓣・小至大。

3 運用〔技法②以複數片不織布製作杯形花瓣〕（P.11）要領，將花瓣連結成杯形，利用白膠，依花心→花瓣・小→花瓣・中→花瓣・大順序組合黏貼。

葉子（B類型）作法

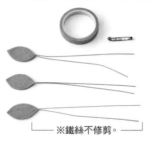

※鐵絲不修剪。

一邊延展、一邊捲繞

4 依照葉子A類型（P.13）作法，製作3片葉子，完成後，鐵絲維持原狀不修剪。

5 由葉子基部開始，纏繞花藝膠帶約1cm後，左右分別加入1片葉子，一起捲繞成束。

6 由距離葉子約10cm位置剪斷鐵絲之後，繼續纏繞花藝膠帶至尾端為止。

胸花作法

取下別針的細針，以方便作業進行。

7 莖部捲繞膠帶之後，重疊別針，繼續捲繞膠帶以固定別針。

8 花朵背面以白膠黏貼底座用不織布（大於背面開孔約1cm的圓形不織布），別針部分塗抹白膠後黏貼。

Point
葉子背面加鐵絲，自由地彎曲，增添表情吧！

SEASONAL FLOWERS

季節花圖鑑&花飾

春去冬來。就以色彩繽紛的不織布，
完成多采多姿的季節花飾吧！

SPRING

春季花圖鑑

No.8

No.9

No.10

≫ 作法 P.59·66至69

No.11

No.12

No.13

No.14

No.17

No.15

No.16

白頭翁造型胸針／
雪球花造型胸花

Arrange ⟨ No.15／No.17 ＞ 作法P.100

白頭翁花束與淺色調雪球花構成的裝飾。
備齊相同色調，搭配使用也很時尚。

荷葉邊三色菫造型髮飾

Arrange < No.16 > 作法 P.101

並排三朵荷葉邊三色菫的髮飾。透明感
十足，清新優雅的藍色系。

Arrange <
No.15白頭翁

Arrange <
No.17雪球花

SUMMER

夏季花圖鑑

No.19

No.20

No.18

No.21

22

No.22

No.24

No.23

No.25

No.26

No.27

No.28 薊花（2色）
No.29 覆盆子
No.30 薰衣草（2色）

＞ 作法 P.80至82

No.28-30

瑪格麗特造型胸針／
繡球花造型胸花

Arrange No.19／No.23

＞作法 P.102

黑褐色般復古色調，充滿乾燥花風情。
以沉穩色澤與輕柔觸感為最大特點，選
用百分之百羊毛材質的美國鄉村風不織
布，所完成的典雅裝飾。

只是換個顏色，完成的作品意象，就與P.22
至P.24的「夏季花圖鑑」截然不同。配合花
卉造型色調，以葉色來襯托花卉。

帽飾

Arrange ＜ No.18・22・24・25・30・44・46・ヒヤシンス ＞ 作法 P.103

讓平凡的帽子顯得更加優雅大方。輕輕鬆鬆就能夠完成的不織布花飾，這個時候使用最適合！簡單素雅的帽子，加上色彩繽紛的花朵，感覺更柔美。

提籃花飾

Arrange ＞ No.19・21・23・26・29・44・48
＞ 作法 P.104

製作許多的夏季花卉。光是拿來裝飾提籃，就顯得華麗無比。下方加上葉子，調整成優雅的瀑布形。

AUTUMN

秋季花圖鑑

No.34

No.33

No.31

No.32

No.35

No.36

線菊造型胸針

Arrange ⟨ No.33・47
⟩ 作法 P.105

作成圈狀的不織布，蓬鬆柔美，量感十足。葉子有加上鐵絲，可依個人喜好，彎曲轉變方向。

百日草造型胸花＆胸針

Arrange ⟨ No.36 ＞ 作法 P.106

以層疊的鮮豔不織布色彩，吸引目光的單朵花飾，裝飾在帽子或披肩上，就能盡情享受優雅時尚的搭配樂趣。

Arrange ⟨

No.33 線菊
No.47 千日紅

No.37 大理花（牡丹花型）（2色）
No.38 大理花（麗飾花型）（3色） Arrange

> 作法 P.62・89

No.37

No.38

大理花（麗飾花型）造型胸針

Arrange ⟨ No.38 ⟩ 作法 P.108

絨球般渾圓可愛的麗飾花型大理花。朝著花心，加深顏色，完成深度與立體感十足的裝飾。以葉片數來調整分量感吧！

Arrange ⟨

No.38 大理花（麗飾花型）

WINTER

冬季花圖鑑

No.40

No.39

No.41

No.42

No.43

巧克力波斯菊&
小花造型胸花

Arrange ⟨ No.41 風信子 ⟩ 作法 P.109

淺藍色巧克力波斯菊，搭配淡雪般白色小花。以不織布
作成的成品，即便是冷色系，感覺也很溫暖。

風信子造型裝飾
————————
＞ 作法 P.107

小花構成的風信子。當寒冬離
去，春天就緊接著降臨。可以插
入花瓶，用來裝飾窗邊。

Arrange
No.29覆盆子
No.40茶花（侘助）
風信子

Arrange
No.40茶花（侘助）

Arrange
No.40茶花（侘助）

姿態凜然的茶花，搭配小花、花蕾、葉子，構成截然不同的變化組合。花瓣尖端抓褶，完成立體感十足，又呈現陰影效果的精美花飾。

冬季花圈

Arrange ⟨ No.42・43・45・46
＞ 作法 P.112

完成許多花朵之後，製作充滿季節感的
花圈，妝點生活空間吧！以葉子構成花
圈基底，隨意黏貼喜愛的花即完成。

小花圖鑑

＞ 作法 P.94至98

最適合空閒時間製作，
作法簡單、甜美可愛的
小花。既可直接當作裝
飾，又能夠用於襯托大
朵花。

LITTLE FLOWERS

不織布的小小花遊戲

善用剩下或零碎的不織布小布片，
轉換心情，享受製作樂趣。
趁空閒時間或縫製作品的空檔製作吧！

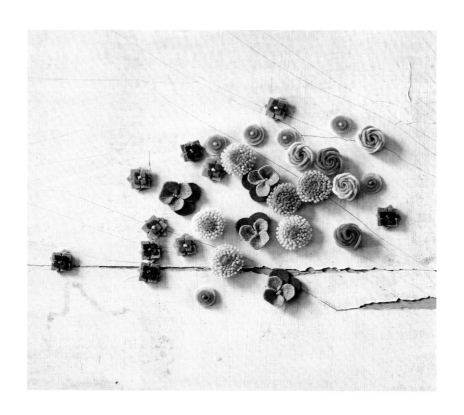

善用零碎布片的小花大集合

> 作法 P.113

裁剪時產生零碎小布片時，可以用來完成超迷你尺寸的小花，能當作包裝禮物的小裝飾，或配戴在身上的小飾品。這是希望淋漓盡致地使用不織布的小巧思。

超迷你小花造型的花飾

＞ 作法 P.114 至 115

花朵直徑約2cm的小花，將許多小花聚集在一起，即可構成花田一般甜美可愛的裝飾。一朵朵分開或重疊好幾朵，利用珠珠或白膠，隨心所欲地黏貼或縫在底座上吧！

※使用不織布裁剪成花片狀態的「不織布花朵圖案」（SUN FELT）為主。

MAKING

不織布花卉造型作法

基本製作技巧──不織布的裁剪方法

1 以描圖紙或紙張描繪紙型。

2 沿著線條裁下紙型,疊在不織布上,描繪紙型。

3 沿著線條裁剪不織布。

不織布花卉造型教學&製作技巧一覽表

No.2茶玫瑰 ＞作法 P.10	No.4英國玫瑰 ＞作法 P.14	No.1簇生型玫瑰 ＞作法 P.49	No.5迷你玫瑰 ＞作法 P.50
〔技法①以一片花形不織布製作花心〕 〔技法②以複數片不織布製作杯形花瓣〕 胸針作法 葉子（A類型）作法	胸花作法 葉子（B類型）作法	〔技法③以複數片不織布製作花蕊〕 縫法……十字固定法	
No.3古典玫瑰 ＞作法 P.51	No.6野玫瑰 ＞作法 P.52	No.7大馬士革玫瑰 ＞作法 P.53	No.16荷葉邊三色堇 ＞作法 P.54
〔技法④製作鋸齒狀花蕊〕	〔技法⑤以圓形小絨球＋花蕊製作花心〕 〔技法⑥以一片花形不織布抓縫製作花瓣〕	抓摺方法…〔尖端抓摺〕	
No.15白頭翁 ＞作法 P.55	No.20梔子花 ＞作法 P.56	No.40茶花（侘助） ＞作法 P.57	No.19瑪格麗特 ＞作法 P.58
〔技法⑦以圓形小絨球＋圈狀花蕊製作花心〕	〔技法⑧製作圈狀花蕊〕	〔技法⑨製作花蕊〕	
No.11非洲菊 ＞作法 P.59	No.23繡球花 ＞作法 P.60	No.37大理花（牡丹花型） ＞作法 P.62	葉子A至E類型 ＞作法 P.13,14,64

材料

〈不織布〉（迷你） SUN FELT	美國鄉村風不織布 SUN FELT	小絨球

羊毛60%、媒縈40%的不織布，20×20cm。柔軟、易加工，共63色。	羊毛100%的高品質不織布。18×20cm，共17色。 ※產品色號為開頭英文字母。	球狀，色數豐富。製作花心。

包線鐵絲	花藝膠帶	白膠 KONISI	縫線 FIX	飾品組件 貴和製作所

花材用，#20・22・24・30，共四種。	花材用，方便塗抹白膠。	快乾型，方便黏合不織布。	拼布用線（Quilter Farm），以強度與色彩數最富魅力。	製作胸花與胸針等作品時使用（圖為安全別針）。

其他　厚紙…主要用途為製作底座。／繡線…剪碎後為小絨球增添色彩。／描圖紙…描繪紙型。

工具

手工藝剪刀 可樂牌	縫針・珠針 可樂牌	剪鉗・尖嘴鉗 可樂牌	記號筆 可樂牌	方格尺 可樂牌
備有裁布（左）、雕花（中）、剪線（右）等用剪刀更方便。	一般布用縫針、珠針。	剪斷、彎曲鐵絲時使用。	備有深淺顏色更便利（圖中為水消筆）。	在組件上作記號或裁剪時使用。

強力夾 可樂牌	鑷子 可樂牌	裁刀・裁切墊 可樂牌	錐子 可樂牌	小熨斗 可樂牌
確實夾緊，固定時更輕鬆。	細部作業時使用。	裁切直線狀組件的便利工具。	在不織布上鑽孔時使用。	備有尖端細小的小熨斗更便利。

其他　鋸齒剪刀…加工處理花心與葉子的便利工具。／竹籤…沾取白膠時使用。／熱熔膠槍…易乾燥，但不適合黏貼金屬材質。

No.1 簇生型玫瑰
> P.06

花瓣・小〔6片〕

花心〔24片〕

花・大〔7片〕

材料 ※原寸紙型P.99

○不織布
・P.6粉紅色系 〈花心〉116／〈花瓣・小〉126／〈花瓣・大〉102
○其他
・手藝用白膠・縫線

運用〔技法③以複數片不織布製作花心〕要領,完成花心

1 準備6片花心用不織布。

縫重疊部分

2 重疊2片不織布,取1股縫線,穿針後打始縫結,縫1針。

★

3 依序重疊3至6片,分別縫1針後打止縫結。

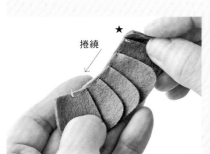

捲繞 ★

4 依序串縫不織布後,由邊端(★)開始捲繞。

5 捲繞至另一端,以〔十字固定法〕交叉穿縫固定基部側,完成花心。

十字固定法

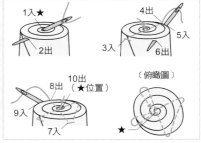

1入★ 4出 5入
2出 3入 6出
8出 10出(★位置)
9入 7入 〔俯瞰圖〕

依圖示,進行十字形固定,交叉穿縫固定基部側,完成花心。

6 依照步驟1至5作法,完成4個花心。

★

7 依序挑縫四個花心的基部,再挑縫第1個花心(★)後,接合成圈。

1
2

8 縱向挑縫基部側後固定。

2挑縫之後，接著來回挑縫3、4

※圖中胸針搭配小花與葉子，即可完成P.8的胸針。 ＞作法 P.99

花心　　花瓣・小

花瓣・大

9 橫向也挑縫，確實固定後，打止縫結。

10 將4個花心彙整在一起。

11 運用〔技法②以複數片不織布製作杯形花瓣〕（P.11）要領，完成花瓣・小、花瓣・大，塗抹白膠，依花心→花瓣・小→花瓣・大順序，依序黏貼。

No.5 迷你玫瑰
＞ P.07

花瓣・小
（5片）

花瓣・中（6片）

花瓣・大（7片）

材料 ※原寸紙型P.116

○不織布
・〈花瓣・小〉113／〈花瓣・中〉144／〈花瓣・大〉139
○其他
・縫線

花瓣・小（5片）

花瓣・中（6片）

花瓣・大（7片）

捲繞

花瓣・中　　花瓣・大

1 運用〔技法③以複數片不織布製作花心〕（P.49）要領，同樣串縫連結花瓣・小至花瓣・大。

2 由邊端開始捲繞花瓣・小。

3 以花瓣・小為中心，依花瓣・中→花瓣・大順序，依序捲繞後，以〔十字固定法〕（P.49）交叉穿縫固定基部。

No.3 古典玫瑰

> P.06

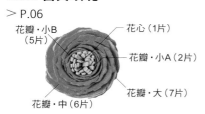

花瓣·小B
（5片）

花心（1片）

花瓣·小A（2片）

花瓣·大（7片）

花瓣·中（6片）

材料 ※原寸紙型P.117

○不織布
・〈花心〉334／〈花瓣·小A〉144／〈花瓣·小B〉139／〈花瓣·中〉139／〈花瓣·大〉123
○其他
・手藝用白膠·縫線

運用〔技法④製作鋸齒狀花心〕要領，完成花心

1 裁剪花心用不織布2.5×11cm，利用鋸齒剪刀，修剪其中一個長邊。

距離0.5至1cm

2 分別由鋸齒狀凹處剪一道切口。

3 由不織布邊端開始捲繞，以〔十字固定法〕（P.49）交叉穿縫固定基部。完成花心。

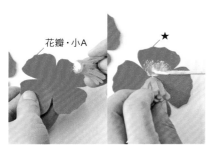

花瓣·小A

★

4 花心底部塗抹白膠，黏貼於其中一片花瓣·小A（共2片）中心的基部。接著將花瓣基部塗抹白膠。

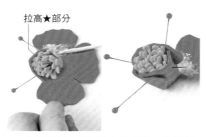

拉高★部分

5 花瓣塗抹白膠，拉高後黏貼，以珠針固定。相鄰花瓣的基部塗抹白膠，同樣依序貼向花心。

6 花心黏貼所有花瓣後樣貌。

花瓣·小A

7 另一片花瓣·小A的中心，黏貼步驟6後，依照步驟**4**至**5**作法，利用白膠，黏貼花瓣。

花瓣·小B

8 黏貼花瓣·小A後樣貌。準備花瓣·小B（5片），運用〔技法②以複數片不織布製作杯形花瓣〕（P.11）要領，完成花瓣。

花瓣·小B

花瓣·中

花瓣·大

9 以相同要領製作花瓣·中、花瓣·大後，塗抹白膠，依步驟**8**→花瓣·小B→花瓣·中→花瓣·大順序黏貼。

No.6 野玫瑰

> P.07

花心（1片）

花瓣（1片）

材料 ※原寸紙型P.117

○不織布
・〈花心〉225／〈花瓣〉125
○其他
・直徑0.8cm小絨球（黃色）1顆・手藝用白膠・縫線

運用〔技法⑤以圓形小絨球＋切口布製作花心〕要領，完成花心

距離0.5cm

1 準備花心用不織布（1 × 3cm），間隔0.2cm，依序剪切口後，長邊塗抹白膠。

2 沿著小絨球黏貼一整圈。黏貼後修剪多餘部分，完成花心。

運用〔技法⑥以一片花形不織布抓縫製作花瓣〕要領，完成花瓣

3 取1股縫線，穿針打始縫結後，挑縫花瓣基部1針。

4 再挑縫一針，共挑縫2次。

5 拉緊縫線，基部即呈現抓縫狀態。

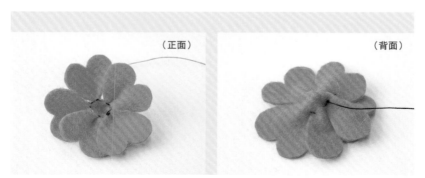

（正面）

（背面）

6 其他花瓣基部同樣挑縫。將縫線穿向背面後打止縫結。

（正面）

7 花蕊底部塗抹白膠，黏貼於花瓣的中心。

No.7 大馬士革玫瑰
> P.07

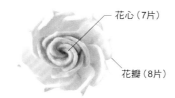

花心（7片）

花瓣（8片）

材料 ※原寸紙型P.117

○不織布
・粉紅色系〈花心〉123／〈花瓣〉〈底座〉110
・白色系〈花心〉102／〈花瓣〉〈底座〉701
○其他
・手藝用白膠

尖端抓摺

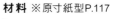

由邊端開始捲繞 ←

以〔十字固定法〕交叉穿縫固定基部。

1 準備材料，裁剪7片花心用不織布，運用〔技法（3）以複數片不織布製作花心〕（P.49）要領，完成花心。

2 準備8片花瓣用不織布，尖端側分別塗抹白膠。

3 塗抹白膠後抓摺，以夾子固定。

4 白膠乾燥後，取下夾子，修剪突出的多餘部分。小心處理以免修剪過度。

5 其他花瓣尖端同樣抓摺。

6 運用〔技法②以複數片不織布製作杯形花瓣〕（P.11）要領，完成花瓣，修剪成直徑2.3cm的底座用不織布塗抹白膠。

7 杯形花瓣背面黏貼底座。

8 花心底部塗抹白膠後，黏貼於杯形花瓣的中心。

No.16 荷葉邊三色堇

> P.19

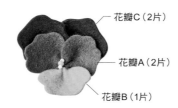

花瓣C（2片）
花瓣A（2片）
花瓣B（1片）

材料 ※原寸紙型P.101

○不織布
・紫色系 〈花瓣A〉663／〈花瓣B〉334／〈花瓣C〉557
・藍色系 〈花瓣A〉662／〈花瓣B〉668／〈花瓣C〉553
○其他
・紫色系 小圓珠（148F／T）2顆／大圓珠（2112／T）1顆
・藍色系 小圓珠（148F／T）2顆／大圓珠（2112／T）1顆
・手藝用白膠・縫線

串縫起點

1 取1股縫線，穿針後，依序串縫2片花瓣A、1片花瓣B。分別縫紙型內側（○記號側）。

2 重疊串縫起點（★）的第一針，接合成圈。

3 拉緊縫線，拉出皺褶。將縫線穿向背面側，打止縫結後剪線。

4 在花瓣C內側（紙型的○記號側）進行平針縫，由邊端縫至邊端，接著縫另一片後，接合兩片。

5 拉緊縫線，拉出皺褶。將縫線穿向背面側，打止縫結後剪線。

6 花瓣C內側塗抹白膠，黏貼步驟3。

7 黏貼後靜置至白膠確實乾燥為止。

8 縫針由中心穿出，2顆小圓珠之間穿入1顆大圓珠，縫針穿向背面側，打止縫結後剪線。

No.15 白頭翁

> P.19

花心A（1片）
花心B（1片）
花瓣（2片）

材料 ※原寸紙型P.101

○不織布
・〈花心A〉771／〈花心B〉225／〈花瓣〉680
○其他
・直徑0.8cm小絨球（黃色）1顆
・手藝用白膠・縫線

運用〔技法⑦以圓形小絨球＋圈狀切口布製作花心〕要領，完成花蕊

距離0.3cm
① ②

1 準備花心A用不織布2×4cm，對摺短邊，縫合邊端（①）。間隔0.2cm，摺線側依序剪切口（②）。

2 ①側塗抹白膠，沿著小絨球捲繞一圈後，以〔十字固定法〕（P.49）交叉穿縫固定基部側。

3 捲繞花心A（內側）後樣貌。

距離0.5cm

4 準備花心B用不織布1×5cm，間隔0.2cm，依序剪切口。

5 基部塗抹白膠，沿著步驟3捲繞後，以〔十字固定法〕（P.49）交叉穿縫固定。捲好後修剪多餘部分，完成花蕊。

6 步驟5的花心基部（背面與邊緣0.5cm）塗抹白膠。

7 塗抹白膠後，黏貼於花瓣的中心，以珠針固定。立起花瓣後黏貼。

8 白膠乾燥後，將步驟7背面塗上白膠。

錯開花瓣後黏貼。

9 黏貼於另一片花瓣的中心。依圖示，擺在蛋架或開口較小的小杯上靜待乾燥，更容易成形。

No.20 梔子花

> P.22

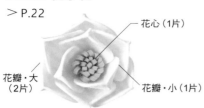

花心（1片）
花瓣・大（2片）
花瓣・小（1片）

材料 ※原寸紙型P.117

○不織布
・〈花心〉333／〈花瓣・小〉〈花瓣・大〉701
○其他
・手藝用白膠・縫線

〔技法⑧製作圈狀切口布〕

1 準備花心用不織布3 × 5cm，對摺短邊，縫合邊端。

距離0.5cm

2 間隔0.2至0.3cm，褶線側依序剪切口。

3 由邊端開始捲繞，以〔十字固定法〕（P.49）交叉穿縫固定基部側，完成花心。

4 花瓣・小的尖端塗抹白膠，抓摺後以夾子固定。

5 白膠乾燥後，修剪突出的多餘部分，小心處理以免修剪過度。花瓣・大以同樣作法處理。

6 取1股縫線，穿針後打始縫結，依圖示，分別縫花瓣・小背面側基部2次。

7 花心基部（底部與邊緣0.5cm）塗抹白膠，黏貼於花瓣・小的中心，以珠針固定。立起花瓣後黏貼。

8 花瓣・小背面塗抹白膠，黏貼於花瓣・大的中心。

9 步驟8背面塗抹白膠，黏貼於另一片花瓣・大的中心。

No.40 茶花（侘助）

> P.36

花心（1片）
花瓣・小（1片）
花瓣・大（1片）

材料 ※原寸紙型P.111
○不織布
・〈花心〉333／〈花瓣・小〉〈花瓣・大〉120
○其他
・手藝用白膠

運用〔技法⑨製作切口布〕要領，完成花心

間隔1cm

1 準備花心用不織布1.5×11cm，間隔0.2cm，依序剪切口後，由邊端開始捲繞，以〔十字固定法〕（P.49）交叉穿縫固定基部，完成花心。

2 尖端塗抹白膠，抓褶後以夾子固定。

3 修剪突出部分，小心處理以免修剪過度。其他花瓣同樣處理。

4 花瓣・小的三個花瓣基部塗抹白膠。

5 將花心擺在花瓣的中心，進行黏貼，立起花瓣，花瓣尖端外翻，邊緣也塗抹白膠後，以夾子固定。

6 剩下的花瓣邊緣也塗抹白膠，以夾子固定。

7 白膠乾燥後，取下夾子，背面側依圖示塗抹白膠。

8 放入花瓣・大後貼合固定。

No.19 瑪格麗特

> P.22 · 23

花心（1片）

花瓣（1片）

捲繞2圈

1 準備小絨球與花心用不織布（1×6cm），運用〔技法⑤以圓形小絨球＋切口布製作花心〕（P.52）要領，完成花心。

2 取1股縫線，穿針後打始縫結，縫花瓣基部（靠近剪開位置）。

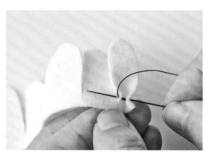

3 再次挑縫，共縫2次。

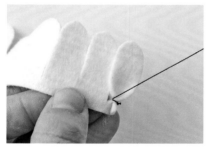

4 拉緊縫線，花瓣基部即呈現抓縫狀態。

（正面）

5 同樣處理後，分別縫花瓣基部。縫至邊端，將縫線穿向背面側，打止縫結後剪線。

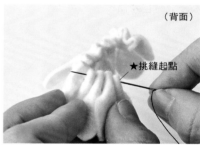

（背面）

★挑縫起點

6 縫針穿上縫線，依序挑縫花瓣背面的褶線。

★

7 挑縫至邊端後，接著挑縫抓縫起點（★）的褶線，接合成圈。

（背面）

（正面）

8 拉緊縫線，將縫線穿向背面側，打止縫結後剪線。花瓣接合成圈。

材料 ※原寸紙型P.102

○不織布
・白色系 〈花心〉332／〈花瓣〉701
・黃色系 〈花心〉221／〈花瓣〉304

○其他
・白色系 直徑0.8cm小絨球（黃色）1顆
・黃色系 直徑0.8cm小絨球（橘色）1顆
・手藝用白膠・縫線

隨意重疊花瓣，動手調整位置。

間隔1片，朝著面前側調整位置。

9 翻回正面，往面前側推花瓣似地，將花瓣調整成一前一後。

10 花心底部塗抹白膠，黏貼於花瓣的中心。

No.11 非洲菊

> P.17

花瓣・大（1片）
花心A（1片）
花瓣・小（1片）
花瓣・中（1片）
花心B（1片）

材料 ※原寸紙型P.118

○不織布
・〈花心A〉383／〈花心B〉117／
・〈花瓣・小〉336／〈花瓣・中〉301／〈花瓣・大〉331
○其他
・手藝用白膠・縫線

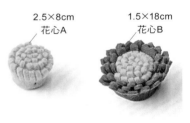

2.5×8cm 花心A
1.5×18cm 花心B

1 運用〔技法⑧製作圈狀切口布〕（P.56）要領，完成花心A。周圍捲繞運用〔技法④製作鋸齒狀花心〕（P.51）要領完成的花心B，以〔十字固定法〕（P.49）交叉穿縫固定，完成花心。

2 運用〔技法⑥以一片花形不織布抓縫製作花瓣〕（P.52）要領，完成花瓣・小至花瓣・大各1片。

3 背面塗抹白膠，錯開花瓣，依花心→花瓣・小→花瓣・大順序，依序黏貼。

No.23 繡球花

> P.24

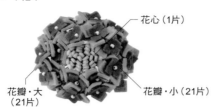

花心（1片）
花瓣・大（21片）
花瓣・小（21片）

1 準備花瓣・小與花瓣・大。花瓣・小塗抹白膠後，黏貼於花瓣・大的中心。

2 白膠乾燥後，利用錐子往中心鑽上孔洞。

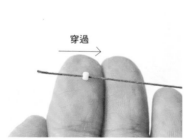

穿過 →

3 鐵絲穿過小圓珠後對摺，以平口鉗擰緊鐵絲，固定小圓珠。

穿過 →

4 將鐵絲穿過花瓣中心的孔洞。

5 小圓珠基部塗抹白膠後，黏在花瓣上，固定鐵絲，完成小花。

距離1cm

6 運用〔技法④製作鋸齒狀花心〕（P.51）要領，裁剪花心用不織布2×12cm。

7 對摺花心用鐵絲，鉤在邊端的第一個切口上。

材料 ※原寸紙型P.103

| ○不織布
・P.24粉紅色系 〈花心〉102／〈花瓣・小〉120／〈花瓣・大〉126
○其他
・小圓珠（Royal Bead No.762／T） 21顆
・花心用鐵絲（＃24）1根・花朵用及彙整用鐵絲（＃30）23根・手藝用白膠・縫線

8 緊貼不織布似地，以平口鉗確實地夾出褶痕後，擰緊固定。

9 由加鐵絲側開始捲繞。

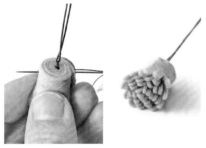

10 捲繞後，以〔十字固定法〕（P.49）交叉穿縫固定基部，完成花心。

11 花心周圍加上8朵小花。

12 以花朵用鐵絲擰緊固定。

13 將步驟**12**的鐵絲端部往下摺，以方便作業進行。

14 沿著周圍加上13朵小花，如同步驟**12**、步驟**13**，以鐵絲彙整成束。

No.37 大理花（牡丹花型）

> P.34

先端（2片）

花瓣·大
（15片）

花瓣·小（10片）

1 準備花瓣·大、花瓣·小，對摺後，以小熨斗燙出褶痕。

★串縫起點

2 取1股縫線，穿針後打始縫結，依序挑縫花瓣·大的基部側。

3 挑縫15片後樣貌。

4 挑縫串縫起點（★）及接連的2、3片，接合成圈。

5 拉緊縫線，將縫線穿向背面側，打止縫結後剪線。

6 底座（直徑4cm）塗抹白膠。

7 避免花瓣重疊，一邊以鑷子調整步驟5，一邊黏貼。

8 中心塗抹白膠。

Lesson

材料 ※原寸紙型P.118

| ○不織布
　・紫色系 〈花瓣・大〉〈底座〉680／〈花瓣・小〉663／〈尖端〉668
　・綠色系 〈花瓣・大〉〈底座〉405／〈花瓣・小〉574／〈尖端〉582
○其他
　・手藝用白膠・縫線

9 依照步驟**1**至**5**作法，製作10片花瓣・小後，黏貼於步驟**8**的中心。

10 準備2片尖端用不織布。

11 對摺1片。

12 再對摺。另一片同樣對摺兩次。

13 重疊兩片，取1股縫線，穿針後，挑縫花瓣基部。

14 再次挑縫，共挑縫2次，打止縫結後剪線。

15 完成尖端。

16 尖端基部塗抹白膠，黏貼於步驟**9**的中心，完成大理花。

葉子作法

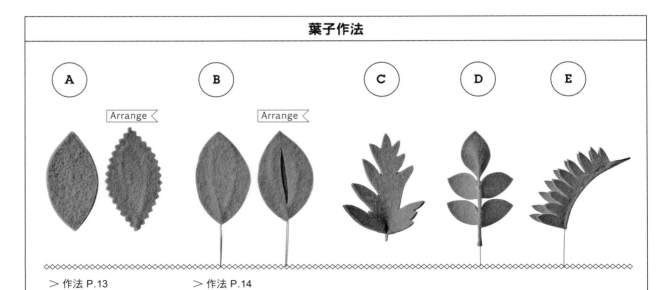

> 作法 P.13　　> 作法 P.14

B類型的變化組合

疊合2片葉子用不織布,上面的不織布中心剪切口,依照B類型作法黏貼,完成葉子。

C類型

葉子基部塗抹白膠後抓褶,以夾子固定,靜待乾燥。

D類型

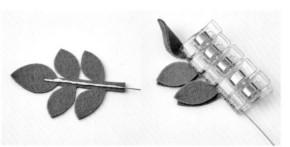

鐵絲塗抹白膠,黏貼後以夾子固定,乾燥後展開。
※黏貼鐵絲側為背面側。

E類型

鐵絲塗抹白膠,以夾子固定,乾燥後翻開。※黏貼鐵絲側為背面側。

作法插圖解說

深入了解P.10至P.14、P.46至P.64單元中介紹的製作技巧,廣泛地製作花朵造型吧!

○關於不織布

如P.48〔材料〕項目中介紹,本書中使用的不織布材料以市售不織布〈迷你〉為主。不織布材料的數字表示色號。書中也會使用100％羊毛的高級不織布〈美國鄉村風〉。※使用〈美國鄉村風〉不織布時,色號開頭加英文字母。

不織布無正反面之分,因此,於任何一面作記號皆可。在意線條痕跡時,就以作記號的面為背面側吧!

○關於紙型

書中刊載皆為原寸紙型。使用以直線描繪的長方形等紙型時,請依據圖中的〔裁布圖〕或尺寸相關記載,以方格尺測量尺寸後進行裁剪。使用記載「鋸齒剪刀」的紙型時,請依圖示,將不織布裁剪成完成尺寸,再以鋸齒間距為3mm(部分使用間距3mm、5mm凸刃)的鋸齒剪刀,將不織布邊端修剪成鋸齒狀。

②以鋸齒剪刀修剪邊端。

不織布

①裁剪成指定尺寸。

○關於縫法

使用質地堅韌的拼布用手縫線,取1股縫線,穿針後,將線頭開始縫結,即可開始縫製。縫至終點,將縫線穿向背面側,打止縫結後剪線。使用不會太顯眼的縫線吧!

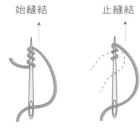

始縫結　　　止縫結

在針尖繞線2至3次,一邊以手指按住繞線處,一邊拔出縫針。

○關於花藝膠帶

花藝膠帶常用於纏繞鐵絲花莖,延展後產生黏性,斜斜地纏繞在鐵絲花莖上。纏繞至終點後,相較於鐵絲,預留較長花藝膠帶,拉斷後,依圖示緊密貼合鐵絲端部。

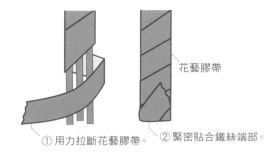

花藝膠帶

① 用力拉斷花藝膠帶。　② 緊密貼合鐵絲端部。

關於材料的表記方式

・不織布／皆表記色號。※美國鄉村風不織布的色號開頭加上英文字母。
・飾品組件／K＝貴和製作所商品。　・珠珠／T＝TOHO商品。

No.8 陸蓮花 ＞P.16

共通技巧
〔技法②以複數片不織布製作杯形花瓣〕…P.11

材料

○不織布
・紅色系　〈花心〉〈花瓣・小 內側〉117／
　　　　　〈花瓣・小 外側〉〈花瓣・中 內側〉
　　　　　114／
　　　　　〈花瓣・中 外側〉〈花瓣・大〉139
・綠色系　〈花心〉〈花瓣・小 內側〉444／
　　　　　〈花瓣・小 外側〉〈花瓣・中 內側〉
　　　　　442／
　　　　　〈花瓣・中 外側〉〈花瓣・大〉450
○其他
・鐵絲（#26）
・直徑1cm木珠（R10-6 原木／T）1顆
・手藝用白膠・錐子

作法

○各部分作法
〈花心〉…鐵絲穿木珠後，接著穿過以錐子往中心鑽孔的〈花心〉，花瓣
狀部位塗抹白膠，依序黏貼。
〈花瓣・小〉至〈花瓣・大〉…運用〔技法②以複數片不織布製作杯形花
瓣〕要領，分別完成花瓣。
○彙整方法
〈花心〉底部塗抹白膠，運用〔技法②以複數片不織布製作杯形花瓣〕
要領，完成〈花瓣・小 內側〉後黏貼。其他花瓣同樣製作後，依〈花瓣・小
外側〉→〈花瓣・中 內側〉→〈花瓣・中 外側〉〈花瓣・大〉順序依序黏
貼。→扳開鐵絲（修剪多餘部分），將〈底座〉黏貼於背面側。

原寸紙型

〈花瓣・中 內側〉
〈花瓣・中 外側〉
〈花心〉
〈花瓣・大〉
〈花瓣・小 內側〉
〈花瓣・小 外側〉

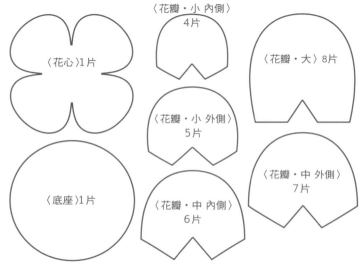

〈花心〉1片
〈底座〉1片
〈花瓣・小 內側〉4片
〈花瓣・小 外側〉5片
〈花瓣・中 內側〉6片
〈花瓣・大〉8片
〈花瓣・中 外側〉7片

各部分作法

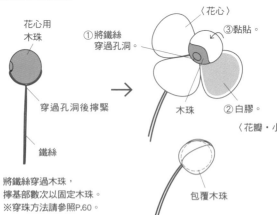

花心用木珠

穿過孔洞後撐緊

鐵絲

將鐵絲穿過木珠，
撐基部數次以固定木珠。
※穿珠方法請參照P.60。

①將鐵絲穿過孔洞。

〈花心〉

③黏貼。

②白膠。

木珠

包覆木珠

〈花心〉不織布中心以錐子鑽孔，穿過鐵絲，
花瓣塗抹白膠後黏貼。

彙整方法

〈花心〉

〈花瓣・小 內側〉

〔技法②以複數片不織布製作
杯形花瓣〕要領，完成
〈花瓣・小 內側〉後，穿過鐵絲，
花心底部塗抹白膠，進行黏貼。

〈花瓣・小〉至〈花瓣・大〉

〈花心〉

③黏貼
〈底座〉。

〈花瓣・小 外側〉、〈花瓣・中 內側〉、
〈花瓣・中 外側〉、〈花瓣・大〉同樣作成杯形後，
由內側開始依序黏貼。
扳開鐵絲後固定，將〈底座〉黏貼於背面側。

（背面側）

②修剪多餘的鐵絲。

1cm
1cm

①扳開鐵絲。

No.9 芍藥 > P.16

共通技巧
〔技法②以複數片不織布製作杯形花瓣〕…P.11　〔技法⑧製作圈狀切口布〕…P.56

材料

○不織布
・〈花瓣・小〉383／〈花瓣・中〉332／
　〈花瓣・大 內側〉304／
　〈花瓣・大 外側〉〈底座〉701／〈花心〉225
○其他
・縫線・鐵絲（#26）1根・手藝用白膠

作法

○各部分作法
〈花心〉…運用〔技法⑧製作圈狀切口布〕要領，以3×6cm不織布完成
　　製作。 ※不織布邊端加鐵絲後捲繞成花心。
〈花瓣・小〉至〈花瓣・大〉…運用〔技法②以複數片不織布製作杯形花
　　瓣〕要領，依序完成。
○彙整方法
〈花心〉邊緣0.5cm塗抹白膠後，黏貼於〈花瓣・小〉的中心。其他花瓣依
　　同樣作法製作後，依〈花瓣・中〉〈花瓣・大 內側〉→〈花瓣・大 外側〉
　　順序，依序黏貼。
→扳開鐵絲（修剪多餘部分），將〈底座〉黏貼於背面側。

原寸紙型

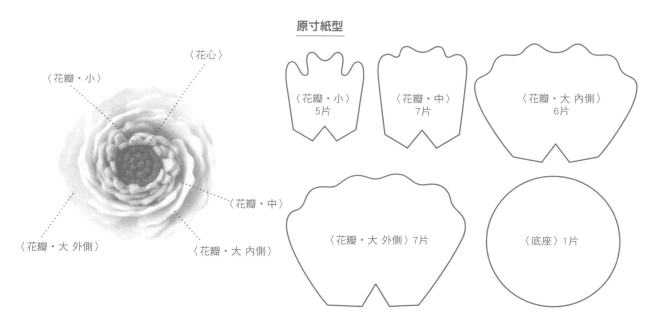

〈花心〉

〈花瓣・小〉

〈花瓣・大 外側〉

〈花瓣・中〉

〈花瓣・大 內側〉

〈花瓣・小〉
5片

〈花瓣・中〉
7片

〈花瓣・大 內側〉
6片

〈花瓣・大 外側〉7片

〈底座〉1片

彙整方法

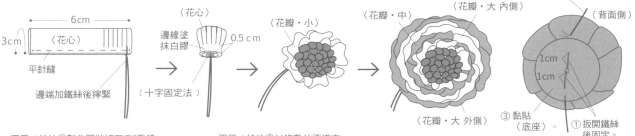

6cm
3cm
〈花心〉
平針縫
邊端加鐵絲後撐緊
運用〔技法⑧製作圈狀切口布〕要領，
完成〈花心〉。
※加鐵絲方法請參照P.60。

〈花心〉
邊緣塗
抹白膠
0.5cm
〔十字固定法〕
運用〔技法②以複數片不織布
製作杯形花瓣〕要領，製作
〈花瓣・小〉後，黏貼花心。

〈花瓣・小〉

〈花瓣・中〉
〈花瓣・大 內側〉
〈花瓣・大 外側〉
〈花瓣・中〉〈花瓣・大 內側〉
〈花瓣・大 外側〉同樣作成杯形後，
由內側開始依序黏貼。

②修剪多餘的鐵絲。
〈背面側〉
1cm
1cm
③黏貼
〈底座〉
①扳開鐵絲
後固定。

No.12 勳章菊 ＞P.16

共通技巧
〔技法④製作鋸齒狀花心〕…P.51
〔技法⑧製作圈狀切口布〕…P.56　〔十字固定法〕…P.49

材料

○不織布
・黃色系　〈花心A〉333／〈花心B〉229／
〈花瓣〉304
・綠色系　〈花心A〉221／〈花心B〉225／
〈花瓣〉405
○其他
・縫線・手藝用白膠・蛋架

作法

○各部分作法
〈花心A〉…運用〔技法⑧製作圈狀花切口布〕要領,以
2×6cm不織布完成製作。
〈花心B〉…運用〔技法④製作鋸齒狀花心〕要領,同樣裁剪
後,沿著〈花心A〉周圍捲繞一圈,以〔十字固定法〕交叉穿縫
固定,完成花心。
〈花瓣〉…進行裁剪。
○彙整方法
〈花心〉底部與邊緣0.5cm塗抹白膠後,黏貼於〈花瓣〉的中
心,擺在蛋架上,立起花瓣,進行黏貼。乾燥後,背面塗抹白
膠,黏貼另一片〈花瓣〉。

〈花瓣〉　　〈花心B〉

〈花心A〉

原寸紙型

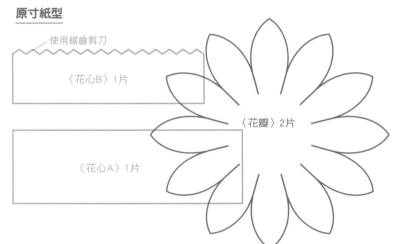

使用鋸齒剪刀

〈花心B〉1片

〈花心A〉1片

〈花瓣〉2片

各部分作法

〈花心〉

〈花心B〉　〈花心A〉

〔十字固定法〕

↓

修剪多
餘部分

〔十字固定法〕

運用〔技法⑧製作圈狀切口布〕要領,
完成〈花心A〉後,周圍捲繞運用[技法④製作
鋸齒狀花心]要領裁剪的〈花心B〉。

彙整方法

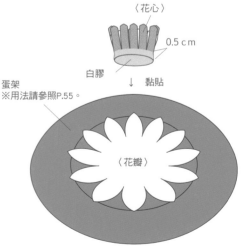

〈花心〉

0.5cm

白膠

↓ 黏貼

蛋架
※用法請參照P.55。

〈花瓣〉

〈花心〉塗抹白膠後,黏貼於
〈花瓣〉的中心,擺在蛋架上成形。

↓ 背面塗抹白膠
後黏貼。

〈花瓣〉

再度擺在蛋架上成形。

No.12 金盞花　>P.17

共通技巧
〔技法⑨製作切口布〕…P.57

材料

○不織布
〈花心〉229／〈花瓣・小〉114／〈花瓣・中〉
370／〈花瓣・大〉334
○其他
・縫線・手藝用白膠

作法

○各部分作法
〈花心〉…運用〔技法⑨製作切口布〕要領完成製作後捲繞成花
心。
〈花瓣・小〉至〈花瓣・大〉…分別裁剪。
○彙整方法
對摺〈花瓣・大〉，重疊於〈花瓣・大 基底〉的1/2處，縫合固定中
心。另一片〈花瓣・大〉同樣製作後，固定於另外1/2處。2片〈花
瓣・中〉同樣對摺，相對於〈花瓣・大〉，分別呈90˚，重疊後縫合
固定。
→〈花心〉底部與邊緣0.5cm塗抹白膠後，黏貼於〈花瓣・小〉的
中心。

原寸紙型

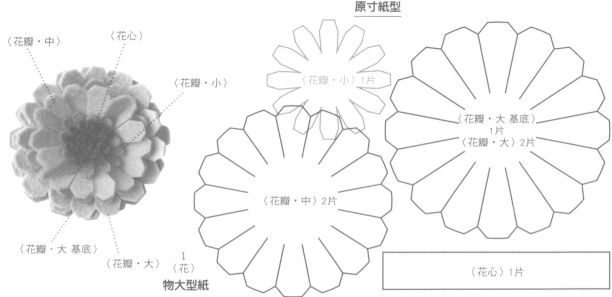

〈花瓣・中〉
〈花心〉
〈花瓣・小〉
〈花瓣・大 基底〉
〈花瓣・大〉
1〈花〉
物大型紙

〈花瓣・小〉1片
〈花瓣・大 基底〉1片
〈花瓣・大〉2片
〈花瓣・中〉2片
〈花心〉1片

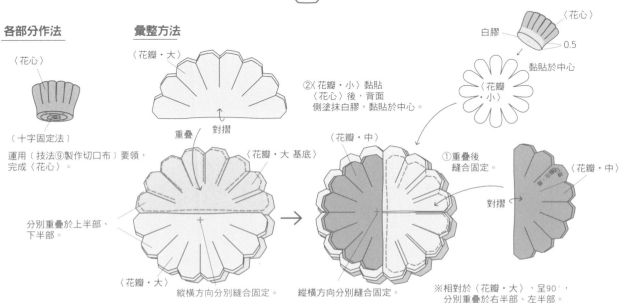

各部分作法

〈花心〉
〔十字固定法〕
運用〔技法⑨製作切口布〕要領，完成〈花心〉。

彙整方法

〈花瓣・大〉
重疊
對摺
〈花瓣・大 基底〉
分別重疊於上半部、下半部。
〈花瓣・大〉
縱橫方向分別縫合固定。

②〈花瓣・小〉黏貼〈花心〉後，背面側塗抹白膠，黏貼於中心。

〈花瓣・中〉
①重疊後縫合固定。
對摺
〈花瓣・中〉
縱橫方向分別縫合固定。
※相對於〈花瓣・大〉，呈90˚，分別重疊於右半部、左半部。

〈花心〉
白膠
0.5
黏貼於中心
〈花瓣・小〉

材料

○不織布
- ・紅色系　〈花瓣・內側〉120／〈花瓣・外側〉113
- ・粉紅色系〈花瓣・內側〉116／〈花瓣・外側〉123

○其他
- ・縫線・鋸齒剪刀

作法

○各部分作法
　〈花瓣〉…分別裁剪。

○彙整方法
　縫第1片〈花瓣・內側〉用不織布，在距離下邊1.5cm處進行平針縫，拉緊縫線，打止縫結。由邊端開始捲繞後，以〔十字固定法〕交叉穿縫固定基部。第2片同樣處理後，沿著第一片周圍捲繞，以〔十字固定法〕交叉穿縫固定基部。
　→縫第1片〈花瓣・外側〉用不織布，在距離下邊1cm處進行平針縫，接著縫第2片，拉緊縫線，打止縫結。沿著〈花瓣・內側〉周圍捲繞後，以〔十字固定法〕交叉穿縫固定基部。

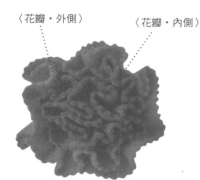

〈花瓣・外側〉　〈花瓣・內側〉

原寸紙型

以鋸齒剪刀修剪邊端

〈花瓣・內側〉2片　※由（摺雙）處翻轉後描繪。
〈花瓣・外側〉2片

摺雙

彙整方法

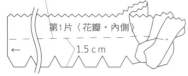

平針縫 ※針目長約0.5cm。

第1片〈花瓣・內側〉

1.5cm

拉緊縫線

〔十字固定法〕

①在距離下邊1.5cm處進行平針縫，拉緊縫線，打止縫結。

②捲繞後，以〔十字固定法〕交叉穿縫固定底部。

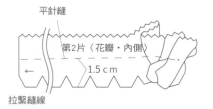

平針縫

第2片〈花瓣・內側〉

1.5cm

拉緊縫線

〔十字固定法〕

③在距離下邊1.5cm處進行平針縫，拉緊縫線，打止縫結。

④沿著第1片〈花瓣・內側〉周圍捲繞，以〔十字固定法〕交叉穿縫固定底部。

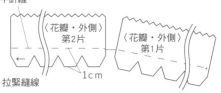

平針縫

〈花瓣・外側〉第2片

〈花瓣・外側〉第1片

1cm

拉緊縫線

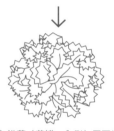

⑤ 接著2片，在距離下邊1cm處進行平針縫，拉緊縫線，打止縫結。

⑤ 沿著〈花瓣・內側〉周圍捲繞，以〔十字固定法〕交叉穿縫固定底部。

共通技巧
〔技法⑤以圓形小絨球＋切口布製作花心〕…P.52

材料

○不織布
・茶色系　〈花心A〉227／〈花心B〉333／
　　　　　〈花瓣〉117
・紫色系　〈花心A〉334／〈花心B〉680／
　　　　　〈花瓣〉139
○其他
・直徑0.8cm小絨球1顆（茶色系使用綠色，紫色
　系使用紫色）
・手藝用白膠・鐵絲・珠針

作法

○各部分作法
　〈花心A〉…運用〔技法⑤以圓形小絨球＋切口布製作花
　心〕要領完成製作。
　〈花心B〉〈花瓣〉…分別裁剪。
○彙整方法
　運用〔技法⑤以圓形小絨球＋切口布製作花心〕要領，完成
　〈花心A〉，底部與邊緣0.5cm塗抹白膠，黏貼〈花心B〉。
　→相對的2片〈花瓣〉狀部位的基部塗抹白膠，擺好花心，
　進行黏貼，以鐵絲固定後乾燥。另外2片花瓣同樣黏貼，以
　珠針固定後乾燥。

〈花心B〉　　　　　　　〈花瓣〉

〈花心A〉

原寸紙型

〈花瓣〉1片

〈花心B〉
1片

鋸齒剪刀

〈花心A〉1片

彙整方法

〈花心A〉

0.5 cm

白膠　　黏貼於中心

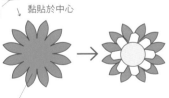

〈花心B〉

運用〔技法⑤以圓形小絨球
＋切口布製作花心〕要領，
完成〈花心A〉，塗抹白膠，
黏貼於〈花心B〉，完成花心。

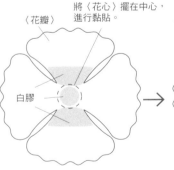

將〈花心〉擺在中心，
進行黏貼。

〈花瓣〉

白膠

相對的2片〈花瓣〉基部與
中心塗抹白膠，擺好〈花心〉，
進行黏貼。

立起花瓣，進行黏貼。

鐵絲

加鐵絲，
固定後乾燥。

珠針

另外2片花瓣基部塗抹白膠，
黏貼住〈花心〉，以珠針
固定後進行乾燥。

材料

○不織布
・〈花瓣〉304・331・336
○其他
・〈花瓣〉304用大圓珠（2112／T）／
　〈花瓣〉331用大圓珠（semi-glazed 2062F／T）／
　〈花瓣〉336用大圓珠（51／T）
・縫線・鐵絲（＃28）・手藝用白膠

作法

○各部分作法
　〈花瓣〉…中央部分進行平針縫，拉緊縫線，打止縫結。
○彙整方法
　〈花瓣〉中心以錐子鑽孔，鐵絲穿上圓珠，擰緊固定後，穿
　過孔洞，以白膠黏貼，依喜好決定小花支數。

〈花瓣〉

原寸紙型

〈花瓣〉1片

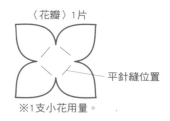

平針縫位置

※1支小花用量。

各部分作法

〈花瓣〉

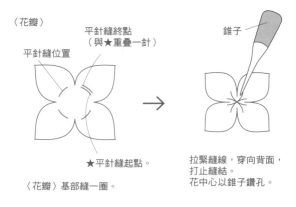

平針縫位置

平針縫終點
（與★重疊一針）

錐子

★平針縫起點。

〈花瓣〉基部縫一圈。

拉緊縫線，穿向背面，
打止縫結。
花中心以錐子鑽孔。

彙整方法

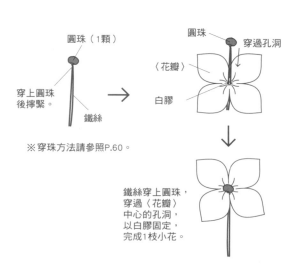

圓珠（1顆）

穿上圓珠
後擰緊。

鐵絲

圓珠

穿過孔洞

〈花瓣〉

白膠

※穿珠方法請參照P.60。

鐵絲穿上圓珠，
穿過〈花瓣〉
中心的孔洞，
以白膠固定，
完成1枝小花。

共通技巧
〔技法⑥以一片花形不織布抓縫製作花瓣〕…P.52
〔尖端抓摺〕…P.53

材料

○不織布
・白色系 〈花瓣〉701／〈花心〉450
・黃色系 〈花瓣〉304／〈花心〉442
○其他
・玫瑰花蕊1根・縫線
・手藝用白膠

作法

○各部分作法
〈花心〉…對摺花心用不織布,捲繞成圓錐形。以錐子擴大中央的孔洞,穿入花蕊,以白膠黏貼。白膠乾燥後,修剪多餘部分。
〈花瓣〉…運用〔技法⑥以一片花形不織布抓縫製作花瓣〕與「尖端抓摺」要領完成製作。
○彙整方法
避免剪斷縫線,剪掉其中1片〈花瓣〉的中心,鑽孔後,利用白膠,黏貼於另一片〈花瓣〉。將〈花心〉插入中心的孔洞後黏貼。

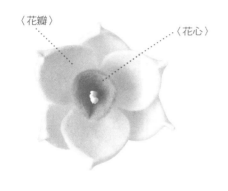

〈花瓣〉 〈花心〉

原寸紙型

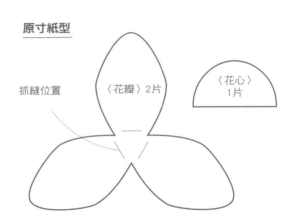

抓縫位置 〈花瓣〉2片 〈花心〉1片

各部分作法

彙整方法

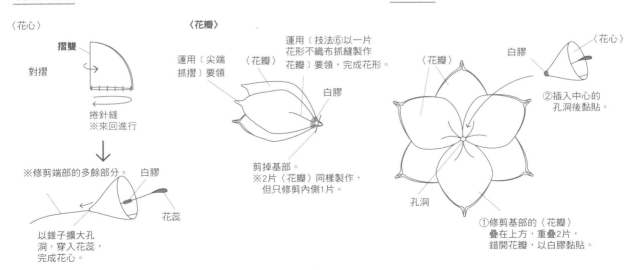

〈花心〉
摺雙
對摺
捲針縫
※來回進行
※修剪端部的多餘部分。 白膠
花蕊
以錐子擴大孔洞,穿入花蕊,完成花心。

〈花瓣〉
運用〔尖端抓摺〕要領
運用〔技法⑥以一片花形不織布抓縫製作花瓣〕要領,完成花形。
白膠
剪掉基部。
※2片〈花瓣〉同樣製作,但只修剪內側1片。

〈花瓣〉 白膠 〈花心〉
②插入中心的孔洞後黏貼。
孔洞
①修剪基部的〈花瓣〉疊在上方,重疊2片,錯開花瓣,以白膠黏貼。

No.21 洋玉蘭 ＞P.21

共通技巧
〔技法②以複數片不織布製作杯形花瓣〕…P.11　　〔技法④製作鋸齒狀花心〕…P.51
〔技法⑧製作圈狀切口布〕…P.56　　〔尖端抓摺〕…P.53

材料

○不織布
・〈花心A〉333／〈花心B〉304／
〈花瓣・小〉〈花瓣・大〉〈底座〉701
○其他
・縫線・手藝用白膠

作法

○各部分作法
〈花心A〉…運用〔技法⑧製作圈狀切口布〕要領完成製作。※由寬至窄
依序捲繞。
〈花心B〉…運用〔技法④製作鋸齒狀花心〕要領完成製作,沿著〈花心
A〉周圍捲繞,以〔十字固定法〕交叉穿縫固定。
〈花瓣・小〉〈花瓣・大〉…運用〔尖端抓摺〕要領,分別成形,再運用
〔技法②以複數片不織布製作杯形花瓣〕要領完成製作。
○彙整方法
〈底座〉塗抹白膠後,黏貼〈花瓣・大〉,內側黏貼〈花瓣・小〉。
→〈花心〉底部塗抹白膠,黏貼於基部中心。

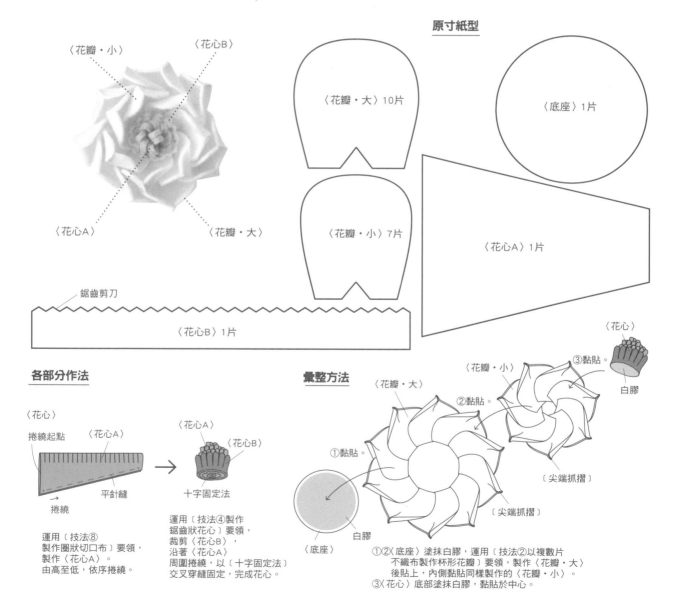

原寸紙型

〈花瓣・小〉　〈花心B〉

〈花瓣・大〉10片

〈底座〉1片

〈花心A〉　〈花瓣・大〉

〈花瓣・小〉7片

〈花心A〉1片

鋸齒剪刀

〈花心B〉1片

各部分作法

〈花心〉

捲繞起點　〈花心A〉

平針縫

捲繞

運用〔技法⑧
製作圈狀切口布〕要領,
製作〈花心A〉。
由高至低,依序捲繞。

〈花心A〉

〈花心B〉

十字固定法

運用〔技法④製作
鋸齒狀花心〕要領,
裁剪〈花心B〉,
沿著〈花心A〉
周圍捲繞,以〔十字固定法〕
交叉穿縫固定,完成花心。

彙整方法

〈花瓣・大〉

〈花瓣・小〉

③黏貼。

〈花心〉

白膠

②黏貼。

①黏貼。

〔尖端抓摺〕

〔尖端抓摺〕

〈底座〉

白膠

①②〈底座〉塗抹白膠,運用〔技法②以複數片
不織布製作杯形花瓣〕要領,製作〈花瓣・大〉
後貼上,內側黏貼同樣製作的〈花瓣・小〉。
③〈花心〉底部塗抹白膠,黏貼於中心。

No.22 日本厚朴花 ＞P.23

共通技巧
〔技法④製作鋸齒狀花心〕…P.51　　〔技法⑨製作切口布〕…P.59
〔十字固定法〕…P.49　　〔尖端抓摺〕…P.53

材料

○不織布
・〈花心A〉120／〈花心B〉／
〈花瓣・小〉〈花瓣・中〉〈花瓣・大〉701
○其他
・縫線・手藝用白膠

作法

○各部分作法
〈花心A〉…運用〔技法⑨製作切口布〕要領，以（左1.5、右2.5）×12cm不織布完成製作。
※由寬至窄依序捲繞。
〈花心B〉…運用〔技法④製作鋸齒狀花心〕要領，完成後，沿著〈花心A〉周圍捲繞。
※與No.21洋玉蘭（作法P.74）同樣使用〈花心B〉紙型。
〈花瓣・小〉〈花瓣・中〉…分別裁剪。
〈花瓣・大〉…運用〔尖端抓摺〕要領成形。
○彙整方法
〈花瓣・小〉塗抹白膠後，依〈花心〉→〈花瓣・中〉順序，依序黏貼，擺在蛋架上乾燥定形。乾燥後，背面塗抹白膠，黏貼於〈花瓣・大〉，擺在蛋架上乾燥。另一片〈花瓣・大〉同樣處理後進行黏貼。

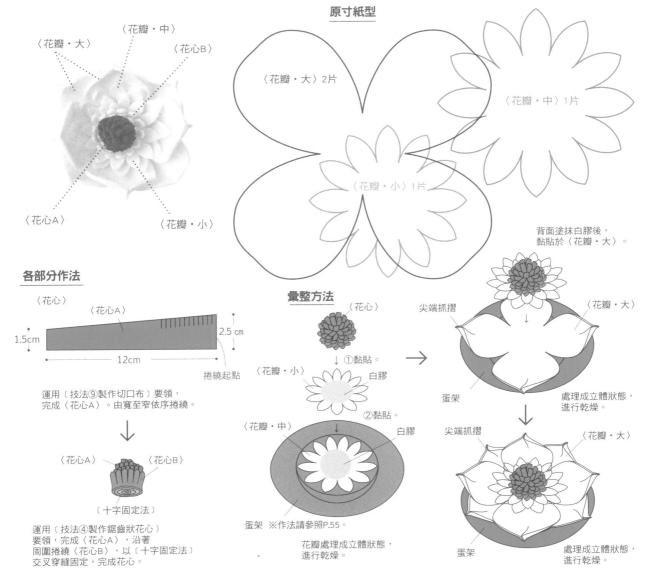

原寸紙型

〈花瓣・大〉2片
〈花瓣・中〉1片
〈花瓣・小〉1片

背面塗抹白膠後，黏貼於〈花瓣・大〉。

各部分作法

〈花心〉
〈花心A〉
1.5cm
2.5cm
12cm
捲繞起點

運用〔技法⑨製作切口布〕要領，完成〈花心A〉。由寬至窄依序捲繞。

〈花心A〉　〈花心B〉
〔十字固定法〕

運用〔技法④製作鋸齒狀花心〕要領，完成〈花心A〉，沿著周圍捲繞〈花心B〉，以〔十字固定法〕交叉穿縫固定，完成花心。

彙整方法

〈花心〉
〈花瓣・小〉
①黏貼。白膠

〈花瓣・中〉
②黏貼。白膠

蛋架　※作法請參照P.55。
花瓣處理成立體狀態，進行乾燥。

尖端抓摺　〈花瓣・大〉
蛋架
處理成立體狀態，進行乾燥。

尖端抓摺　〈花瓣・大〉
蛋架
處理成立體狀態，進行乾燥。

共通技巧
〔技法①以一片花形不織布製作花心〕…P.10

材料

○不織布
・紅色系　　〈花心〉〈花瓣・小〉120／〈花瓣・中〉144／
　　　　　　〈花瓣・大〉139
・藍色系　　〈花心〉〈花瓣・小〉557／〈花瓣・中〉553／
　　　　　　〈花瓣・大〉552
○其他
・縫線・手藝用白膠

作法

○各部分作法
〈花心〉…運用〔技法①以一片花形不織布製作花心〕要
領完成製作。
〈花心・小〉…進行裁剪。
〈花瓣・中〉〈花瓣・大〉…捲針縫位置的中心抓摺，進行
捲針縫2次。
○彙整方法
〈花瓣・中〉背面塗抹白膠，黏貼於〈花瓣・大〉。〈花瓣・
小〉的花瓣塗抹白膠，沿著〈花心〉，一朵朵地黏貼，底部
塗抹白膠，黏貼於〈花瓣・中〉。

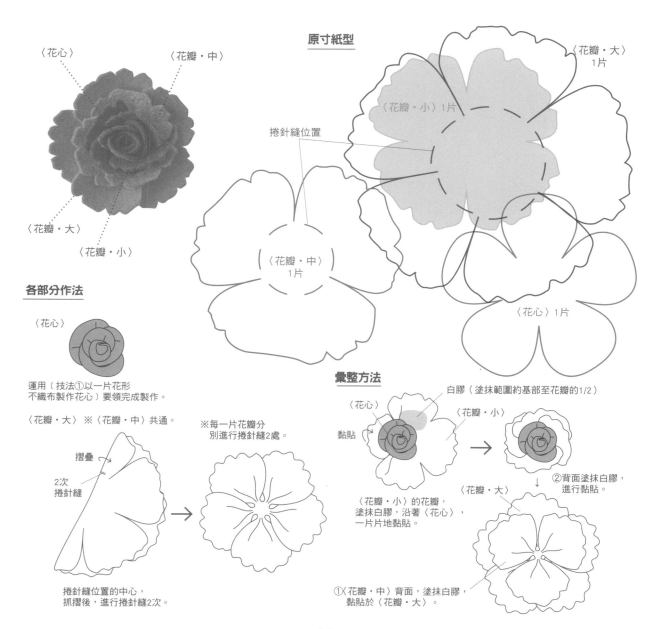

〈花心〉　　　　　　　　〈花瓣・中〉

〈花瓣・大〉

〈花瓣・小〉

原寸紙型

〈花瓣・大〉
1片

〈花瓣・小〉1片

捲針縫位置

〈花瓣・中〉
1片

〈花心〉1片

各部分作法

〈花心〉

運用〔技法①以一片花形
不織布製作花心〕要領完成製作。

〈花瓣・大〉　※〈花瓣・中〉共通。

摺疊

2次
捲針縫

※每一片花瓣分
別進行捲針縫2處。

捲針縫位置的中心，
抓摺後，進行捲針縫2次。

彙整方法

白膠（塗抹範圍約基部至花瓣的1/2）

〈花心〉

〈花瓣・小〉

黏貼

②背面塗抹白膠，
進行黏貼。

〈花瓣・小〉的花瓣，
塗抹白膠，沿著〈花心〉，
一片片地黏貼。

〈花瓣・大〉

①〈花瓣・中〉背面，塗抹白膠，
黏貼於〈花瓣・大〉。

No.25 芙蓉花 ＞P.24

共通技巧
〔技法⑨製作切口布〕…P.57

材料

○不織布
・深粉紅色系 〈花心A〉370／〈花心B〉225／〈花瓣〉123
・淺粉紅色系 〈花心A〉333／〈花心B〉116／〈花瓣〉102

○其他
・縫線・手藝用白膠

作法

○各部分作法
〈花心A〉…凹處剪切口,運用〔技法⑨製作切口布〕要領完成製作。
　※由寬至窄依序捲繞。
〈花心B〉…進行裁剪。
〈花瓣〉…串縫5片,完成杯形花瓣。
○彙整方法
〈花心B〉塗抹白膠後,黏貼於〈花瓣〉中心,以筆等按壓,處理成立體狀態。〈花心A〉底部塗抹白膠後,黏貼於中心。

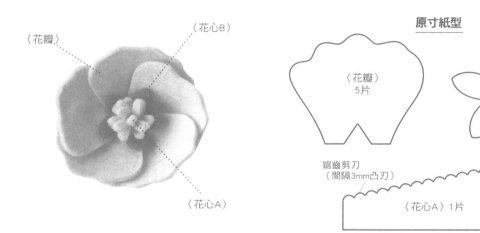

〈花瓣〉
〈花心B〉
〈花心A〉

原寸紙型

〈花瓣〉5片

〈花心B〉1片

鋸齒剪刀
（間隔3mm凸刃）

〈花心A〉1片

各部分作法

〈花心A〉

十字固定法

〔技法⑨製作切口布〕要領,製作〈花心A〉。
※由寬至窄依序捲繞。

彙整方法

〈花瓣〉縫法

4出　3入　2出　1入

第2片　第1片

重疊花瓣,跨越凹處似地進行縫合。
※縫合至終點時,將5片疊在1片上,疊縫最初的針目（1入、2出）。

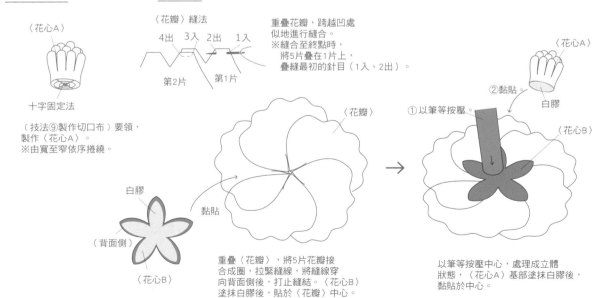

白膠
（背面側）
〈花心B〉
黏貼
〈花瓣〉

重疊〈花瓣〉,將5片花瓣接合成圈,拉緊縫線,將縫線穿向背面側後,打止縫結。〈花心B〉塗抹白膠後,貼於〈花瓣〉中心。

②黏貼
白膠
〈花心A〉
①以筆等按壓
〈花心B〉

以筆等按壓中心,處理成立體狀態,〈花心A〉基部塗抹白膠後,黏貼於中心。

材料

○不織布
・〈花瓣・小〉126／〈花瓣・中〉105／〈花瓣・大〉301
○其他
・縫線・手藝用白膠

作法

○各部分作法
〈花瓣・小 內側〉…中央部分進行平針縫，確實拉緊縫線，打止縫結。
〈花瓣・小 外側〉同樣進行平針縫，鬆鬆地拉縫線，打止縫結。
〈花瓣・中〉〈花瓣・大〉…與〈花瓣・小 外側〉同樣作法。
○彙整方法
背面塗抹白膠，依〈花瓣・小 內側〉→〈花瓣・小 外側〉→〈花瓣・中〉→〈花瓣・大〉順序，由內側開始黏貼。

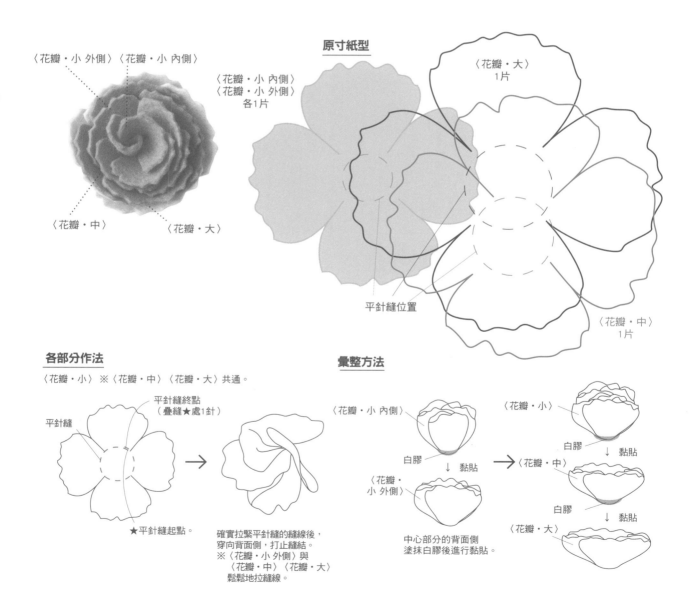

〈花瓣・小 外側〉〈花瓣・小 內側〉

〈花瓣・中〉

〈花瓣・大〉

原寸紙型

〈花瓣・小 內側〉
〈花瓣・小 外側〉
各1片

〈花瓣・大〉
1片

平針縫位置

〈花瓣・中〉
1片

各部分作法

〈花瓣・小〉 ※〈花瓣・中〉〈花瓣・大〉共通。

平針縫

平針縫終點
（疊縫★處1針）

→

★平針縫起點。

確實拉緊平針縫的縫線後，穿向背面側，打止縫結。
※〈花瓣・小 外側〉與〈花瓣・中〉〈花瓣・大〉鬆鬆地拉縫線。

彙整方法

〈花瓣・小 內側〉

白膠
↓ 黏貼

〈花瓣・小 外側〉

中心部分的背面側塗抹白膠後進行黏貼。

→

〈花瓣・小〉

白膠
↓ 黏貼

〈花瓣・中〉

白膠
↓ 黏貼

〈花瓣・大〉

No.27 睡蓮 ＞P.24

共通技巧
〔技法④製作鋸齒狀花心〕…P.51　　〔技法⑧製作圈狀切口布〕…P.56
〔十字固定法〕…P.49　　〔尖端抓摺〕…P.53

材料

○不織布
・〈花心A〉332／〈花心B〉221／
〈花瓣・小〉126／〈花瓣・中〉102／
〈花瓣・大〉110
○其他
・縫線・手藝用白膠

作法

○各部分作法
〈花心A〉…運用〔技法⑧製作圈狀切口布〕要領，以2.5×11cm不織布完成製作。
〈花心B〉…凹處剪切口。
〈花瓣・小〉至〈花瓣・大〉…運用〔尖端抓摺〕要領，完成花瓣尖端形狀。
○彙整方法
〈花心A〉周圍捲繞〈花心B〉，修剪多餘部分，以〔十字固定法〕交叉穿縫固定底部，
完成花心。
→〈花心〉底部與邊緣0.5cm塗抹白膠，黏貼〈花瓣・小〉對角線上的花瓣，以珠
針固定。接著黏貼其他花瓣，固定後進行乾燥。
→〈花瓣・中〉、〈花瓣・大〉的中心塗抹白膠後，依〈花瓣・中〉→〈花瓣・大〉順
序，依序黏貼。

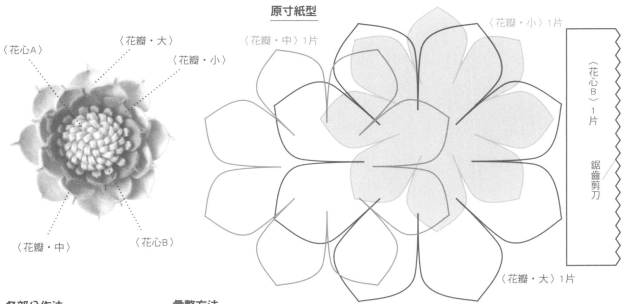

原寸紙型

〈花瓣・中〉1片　　〈花瓣・小〉1片
〈花心A〉　〈花瓣・大〉　〈花瓣・小〉
〈花瓣・中〉　〈花心B〉
〈花心B〉1片　鋸齒剪刀
〈花瓣・大〉1片

各部分作法

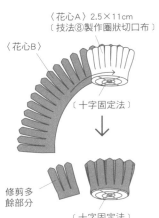

〈花心A〉2.5×11cm
〔技法⑧製作圈狀切口布〕
〈花心B〉
〔十字固定法〕
↓
修剪多餘部分
〔十字固定法〕

〔技法⑧製作圈狀切口布〕要領，
完成〈花心A〉，捲繞剪切口的
〈花心B〉，以〔十字固定法〕
交叉穿縫固定基部，完成花心。

彙整方法

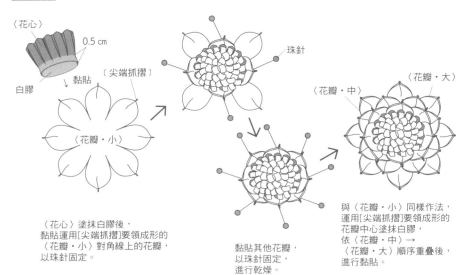

〈花心〉　0.5cm
白膠　黏貼　〔尖端抓摺〕
〈花瓣・小〉

〈花心〉塗抹白膠後，
黏貼運用〔尖端抓摺〕要領成形的
〈花瓣・小〉對角線上的花瓣，
以珠針固定。

珠針

黏貼其他花瓣，
以珠針固定，
進行乾燥。

〈花瓣・中〉　〈花瓣・大〉

與〈花瓣・小〉同樣作法，
運用〔尖端抓摺〕要領成形的
花瓣中心塗抹白膠，
依〈花瓣・中〉→
〈花瓣・大〉順序重疊後，
進行黏貼。

共通技巧
〔技法⑨製作切口布〕…P.57　〔十字固定法〕…P.49

材料

○不織布
・紫色系 〈花瓣〉663／〈葉子〉446
・紅色系 〈花瓣〉120／〈葉子〉449
○其他
・鐵絲（＃24）1根
・直徑1cm木珠（TOHO R10-6 原木／T）
・手藝用白膠

作法

○各部分作法
〈花瓣〉…運用〔技法⑨製作切口布〕要領，以3×20cm不織布完成製作。※端部加鐵絲，以平口鉗夾緊固定。
〈葉子〉…裁剪後，中心以錐子鑽孔。
○彙整方法
〈花瓣〉用鐵絲穿過木珠後，進行黏貼，接著穿過中心鑽孔的〈葉子·內側〉，包覆木珠，將葉子黏貼於〈花瓣〉。〈葉子·外側〉同樣黏貼。

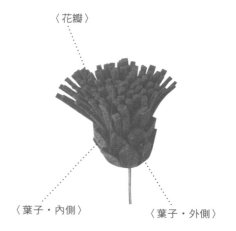

〈花瓣〉

〈葉子·內側〉　　〈葉子·外側〉

原寸紙型

〈葉子·內側〉
1片

〈葉子·外側〉1片

彙整方法

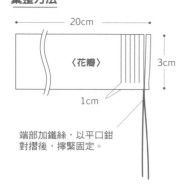

← 20cm →

〈花瓣〉

3cm

1cm

端部加鐵絲，以平口鉗對摺後，擰緊固定。

運用〔技法⑨製作切口布〕要領，加鐵絲，捲繞後，完成花瓣。
※加鐵絲方法請參閱P.60。

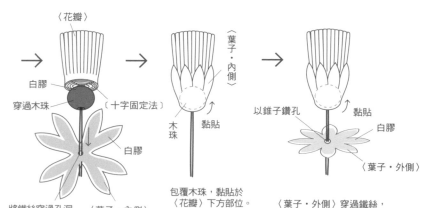

〈花瓣〉

白膠

穿過木珠

〔十字固定法〕

白膠

將鐵絲穿過孔洞　〈葉子·內側〉

鐵絲穿過木珠後，黏貼於〈花瓣〉基部，
接著穿過以錐子往中心鑽孔的〈葉子·內側〉。

〈葉子·內側〉

木珠　黏貼

包覆木珠，黏貼於
〈花瓣〉下方部位。

以錐子鑽孔　黏貼

白膠

〈葉子·外側〉

〈葉子·外側〉穿過鐵絲，
塗抹白膠，黏貼於〈葉子·內側〉。

共通技巧
〔技法⑤以圓形小絨球＋切口布製作花心〕…P.52
〔技法⑥以一片花形不織布抓縫製作花瓣〕…P.52　〔葉子B〕…P.14

材料

○不織布
・〈花心〉334／〈花瓣〉701／〈果實〉120／
〈花萼〉〈葉子〉444
○其他
・繡線（DMC580）
・鐵絲（#24）2根
・大圓珠（5C／T）
・直徑0.8cm小絨球（綠色）1顆・縫線
・棉花・手藝用白膠

作法

○各部分作法
〈花心〉…運用〔技法⑤以圓形小絨球＋切口布製作花心〕要領完成製作。
　※小絨球加鐵絲後擰緊，黏貼處理成纖維狀的繡線。
〈花瓣〉…運用〔技法⑥以一片花形不織布抓縫製作花瓣〕要領完成製作。
〈果實〉…縫珠珠後，周圍進行平針縫，塞入棉花，拉緊縫線，打止縫結。
〈花萼〉…中心以錐子鑽孔。
〈葉子〉…依照B類型作法完成製作。
○彙整方法
〈花瓣〉…〈花心〉用鐵絲穿過〈花瓣〉，塗抹白膠後黏貼，接著穿過〈花萼B〉，塗抹白膠後黏貼。
〈果實〉…鐵絲形成環狀後穿過〈花萼A〉，塗抹白膠後，黏於〈果實〉。

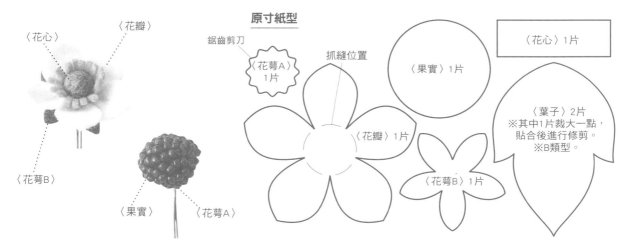

原寸紙型

〈花心〉　〈花瓣〉

〈花萼B〉

〈果實〉　〈花萼A〉

鋸齒剪刀

〈花萼A〉1片

抓縫位置

〈果實〉1片

〈花瓣〉1片

〈花萼B〉1片

〈花心〉1片

〈葉子〉2片
※其中1片裁大一點，貼合後進行修剪。
※B類型。

彙整方法

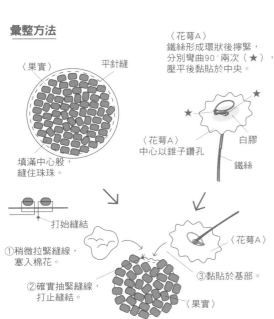

〈果實〉　平針縫

填滿中心般，縫住珠珠。

打始縫結

①稍微拉緊縫線，塞入棉花。

②確實抽緊縫線，打止縫結。

〈花萼A〉鐵絲形成環狀後擰緊，分別彎曲90°兩次（★），壓平後黏貼於中央。

〈花萼A〉中心以錐子鑽孔

白膠

鐵絲

〈花萼A〉

③黏貼於基部。

〈果實〉

彙整方法

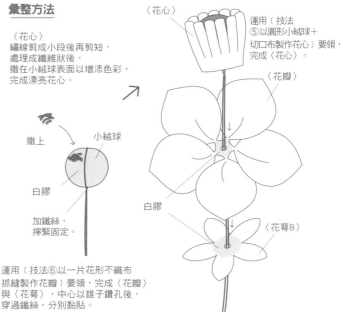

〈花心〉
繡線剪成小段後再剪短，處理成纖維狀後，撒在小絨球表面以增添色彩，完成漂亮花心。

撒上

小絨球

白膠

加鐵絲，擰緊固定。

運用〔技法⑥以一片花形不織布抓縫製作花瓣〕要領，完成〈花瓣〉與〈花萼〉，中心以錐子鑽孔後，穿過鐵絲，分別黏貼。

〈花心〉

運用〔技法⑤以圓形小絨球＋切口布製作花心〕要領，完成〈花心〉。

〈花瓣〉

白膠

〈花萼B〉

No.30 薰衣草 ＞P.25

材料

〇不織布
・紫色系　〈尖端〉680／〈花瓣〉668／〈葉子〉444
・深紫色系　〈尖端〉680／〈花瓣〉666／〈葉子〉442
〇其他
・鐵絲（#24）1根・縫線
・大圓珠（2108／T）・手藝用白膠

作法

〇各部分作法
〈尖端〉…依照No.17雪球花（作法P.72）作法，同樣製作小花。
〈花瓣〉〈葉子〉…分別裁剪。
〇彙整方法
〈花瓣〉塗抹白膠後，一邊捲繞、一邊黏貼於〈尖端〉的鐵絲上。
　→〈葉子〉基部塗抹白膠，夾住鐵絲般地黏貼後，以夾子夾住，
進行乾燥。

原寸紙型

〈尖端〉1片

平針縫位置

〈葉子〉2片

〈花瓣〉1片　※由摺雙處翻轉後描繪。　摺雙

各部分作法

大圓珠

〈尖端〉

平針縫

鐵絲

〈尖端〉部分與No.17雪球花
〈作法P.72〉的〈花瓣〉同樣作法。

彙整方法

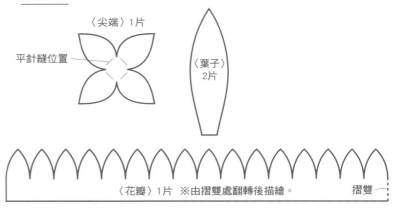
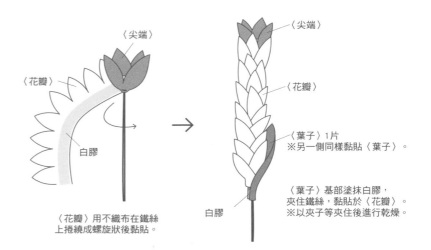

〈尖端〉

〈花瓣〉

白膠

〈花瓣〉用不織布在鐵絲
上捲繞成螺旋狀後黏貼。

〈尖端〉

〈花瓣〉

〈葉子〉1片
※另一側同樣黏貼〈葉子〉。

白膠

〈葉子〉基部塗抹白膠，
夾住鐵絲，黏貼於〈花瓣〉。
※以夾子等夾住後進行乾燥。

No.31 孔雀菊 > P.30

共通技巧
〔技法⑨製作切口布〕…P.57   〔十字固定法〕…P.49

材料

○不織布
· 紅色系　〈花心〉333／〈花瓣〉118
· 橘色系　〈花心〉370／〈花瓣〉311
· 黃色系　〈花心〉442／〈花瓣〉336
· 灰色系　〈花心〉553／〈花瓣〉273
○其他
· 縫線

作法

○各部分作法
〈花心〉…運用〔技法⑨製作切口布〕要領，以1×5cm不
　織布完成製作。
〈花瓣〉…裁剪後，凹處剪切口。
○彙整方法
〈花心〉周圍捲繞〈花瓣〉，以〔十字固定法〕交叉穿縫固
　定基部。

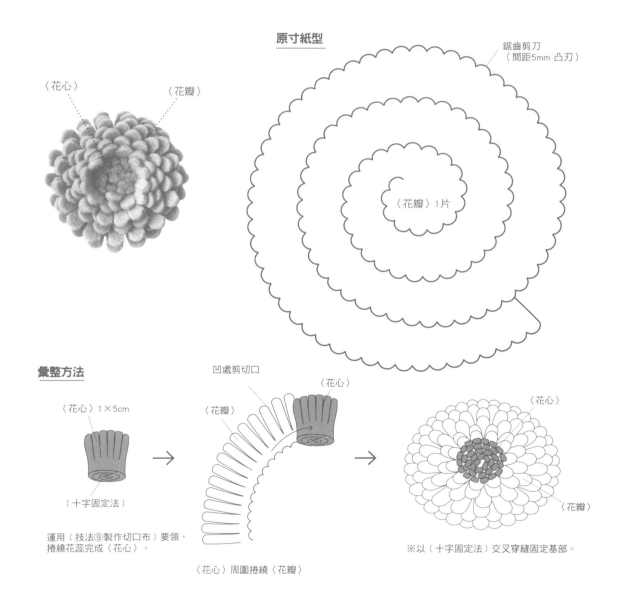

〈花心〉　〈花瓣〉

原寸紙型

鋸齒剪刀
（間距5mm 凸刃）

〈花瓣〉1片

彙整方法

〈花心〉1×5cm

〔十字固定法〕

運用〔技法⑨製作切口布〕要領，
捲繞花蕊完成〈花心〉。

凹處剪切口

〈花瓣〉　〈花心〉

〈花心〉周圍捲繞〈花瓣〉

〈花心〉

〈花瓣〉

※以〔十字固定法〕交叉穿縫固定基部。

共通技巧
〔技法④製作鋸齒狀花蕊〕…P.51　　〔十字固定法〕…P.49

材料

○不織布
・〈花瓣・小〉219／〈花瓣・大 內側〉235／〈花瓣・大 外側〉213
○其他
・縫線

作法

○各部分作法
〈花瓣・小〉…運用〔技法④製作鋸齒狀花心〕要領，以（左1.5、右2.5）×20cm不織布完成製作。
〈花瓣・大〉…運用〔技法④製作鋸齒狀花心〕要領，以2.5×20cm不織布完成製作。
○彙整方法
運用〔技法④製作鋸齒狀花心〕要領，裁剪後，依〈花瓣・小〉→〈花瓣・大 內側〉→〈花瓣・大 外側〉順序依序捲繞，以〔十字固定法〕交叉穿縫固定基部。

裁布圖

〈花瓣・小〉

〈花瓣・大 外側〉

〈花瓣・大 內側〉

捲繞起點　　　　鋸齒剪刀

1.5cm　　〈花瓣・小〉1片　　2.5cm

20cm

鋸齒剪刀

2.5cm　〈花瓣・大 內側〉1片／〈花瓣・大 外側〉1片

20cm

彙整方法

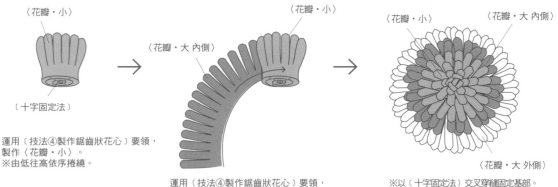

〈花瓣・小〉

〔十字固定法〕

運用〔技法④製作鋸齒狀花心〕要領，製作〈花瓣・小〉。
※由低往高依序捲繞。

〈花瓣・大 內側〉

〈花瓣・小〉

運用〔技法④製作鋸齒狀花心〕要領，裁剪後，依〈花瓣・大 內側〉→〈花瓣・大 外側〉順序，沿著〈花瓣・小〉周圍依序捲繞。

〈花瓣・小〉　〈花瓣・大 內側〉

〈花瓣・大 外側〉

※以〔十字固定法〕交叉穿縫固定基部。

共通技巧
〔技法⑧製作圈狀切口布〕…P.56
〔技法⑨製作切口布〕…P.57　〔十字固定法〕…P.49

材料

○不織布
・〈花心〉442／〈花瓣〉221／
○其他
・縫線

作法

○各部分作法
〈花心〉…運用〔技法⑨製作切口布〕要領，以2×10cm不織布完成製作。
〈花瓣〉…〔技法⑧製作圈狀切口布〕要領，裁剪不織布7×20cm。
○彙整方法
〈花心〉周圍捲繞〈花瓣〉後，以〔十字固定法〕交叉穿縫固定基部。

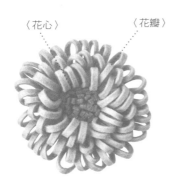

〈花心〉　　〈花瓣〉

裁布圖

2cm ｜ 〈花心〉1片
10cm

7cm ｜ 〈花瓣〉1片
20cm

彙整方法

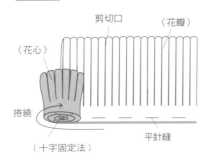

剪切口　〈花瓣〉
〈花心〉
捲繞
〔十字固定法〕　平針縫

運用〔技法⑨製作切口布〕要領，
完成〈花心〉，周圍捲繞運用
〔技法⑧製作圈狀切口布〕
要領完成的〈花瓣〉。

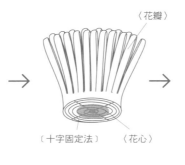

〈花瓣〉
〔十字固定法〕　〈花心〉

以〔十字固定法〕縫住基部。

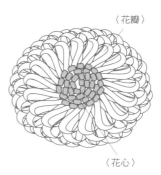

〈花瓣〉
〈花心〉

共通技巧
〔技法④製作鋸齒狀花心〕…P.51　　〔技法⑧製作圈狀切口布〕…P.56
〔十字固定法〕…P.49

材料

○不織布
・〈花心A〉225／〈花心B〉442／〈花瓣〉304
○其他
・鋸齒剪刀

作法

○各部分作法
〈花心A〉…運用〔技法⑧製作圈狀切口布〕要領，以2.5×5cm不織布完成製作。
〈花心B〉…運用〔技法④製作鋸齒狀花心〕要領，同樣裁剪不織布1.5×20cm。
〈花瓣〉…裁剪不織布2.5×20cm。
○彙整方法
沿著〈花心〉周圍捲繞2片〈花瓣〉後，以〔十字固定法〕交叉穿縫固定。

裁布圖

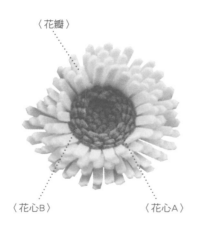

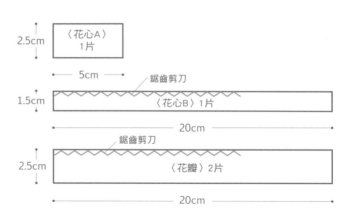

彙整方法

運用〔技法⑧製作圈狀切口布〕要領，
完成〈花心A〉後，以〔十字固定法〕
交叉穿縫固定基部。

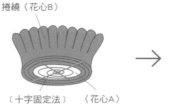

〔技法④製作鋸齒狀花心〕要領，
完成〈花心A〉，沿著〈花心A〉
周圍捲繞後，以〔十字固定法〕
交叉穿縫固定基部，完成花心。

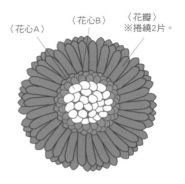

運用〔技法④製作鋸齒狀花心〕要領，
完成〈花心B〉，周圍捲繞2片〈花瓣〉後，
以〔十字固定法〕交叉穿縫固定基部。

材料

○不織布
・〈A〉〈C〉〈E〉334／〈B〉〈D〉144
○其他
・縫線・手藝用白膠

作法

○各部分作法
〈A〉至〈D〉…分別裁剪。
〈E〉…對摺後，再對摺，縫住基部。
○彙整方法
　對摺〈A〉後，重疊於〈A基底〉的1/2處，縫住中心。另一片〈A〉同樣
　處理後，固定於另外1/2處。
　→重疊〈B〉，縫住中心。
　→2片〈C〉與〈D〉重複相同步驟，完成製作，〈E〉基部塗抹白膠後，
　黏貼於中心。

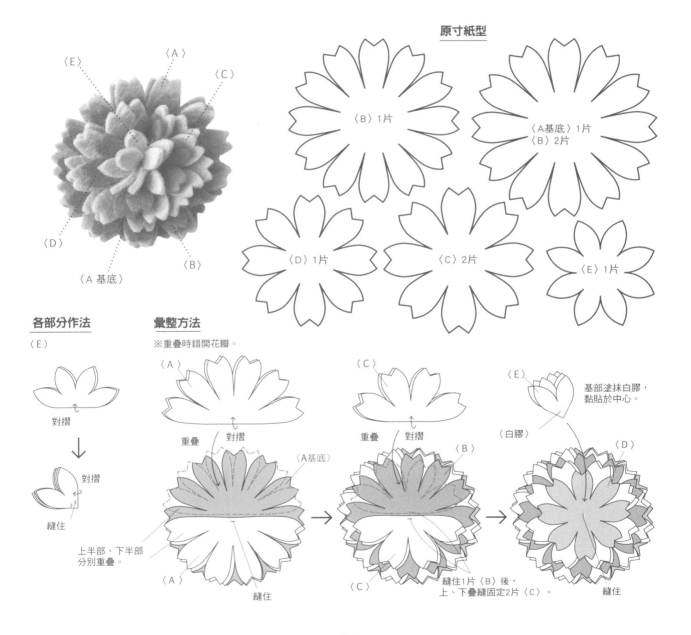

原寸紙型

〈B〉1片

〈A基底〉1片
〈B〉2片

〈D〉1片

〈C〉2片

〈E〉1片

各部分作法

〈E〉

對摺

對摺

縫住

彙整方法

※重疊時錯開花瓣。

〈A〉

重疊　　對摺

〈A基底〉

上半部、下半部
分別重疊。

〈A〉

縫住

〈C〉

重疊　　對摺

〈B〉

縫住1片〈B〉後，
上、下疊縫固定2片〈C〉。

〈C〉

〈E〉

〈白膠〉

基部塗抹白膠，
黏貼於中心。

〈B〉

〈D〉

縫住

No.36 百日草　＞P.31

共通技巧
〔技法⑧製作圈狀切口布〕…P.56
〔技法⑨製作切口布〕…P.57　〔十字固定法〕…P.49

材料

○不織布
・〈花心A〉229／〈花心B〉333／〈花心C〉117／
　〈花瓣・小〉〈花瓣・大A〉144／〈花瓣・大B〉139
○其他
・縫線・手藝用白膠

作法

○各部分作法
〈花心〉…運用〔技法⑧製作圈狀切口布〕要領，以2.3×6cm
不織布完成〈花心A〉。運用〔技法⑨製作切口布〕要領，同樣
裁剪不織布1.5×5cm，完成〈花心B〉，沿著〈花心A〉周圍捲
繞。※修剪多餘部分。沿著周圍捲繞〈花心C〉後，以〔十字固
定法〕交叉穿縫固定，完成花心。
〈花瓣・小〉〈花瓣・大〉…分別裁剪。
○彙整方法
〈花心〉〈花瓣・小〉2片分別塗抹白膠後黏貼，擺在蛋架上成
形，固定後進行乾燥。乾燥後，〈花瓣・大A〉1片與〈花瓣・大
B〉2片分別塗抹白膠後黏貼，擺在蛋架上成形，固定後進行乾
燥。

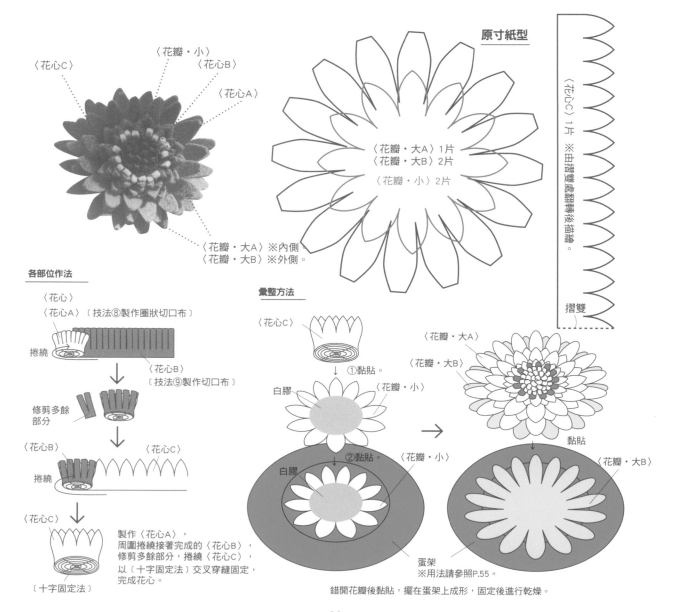

原寸紙型

〈花心C〉1片 ※由摺雙處翻轉後描繪。

摺雙

〈花瓣・大A〉1片
〈花瓣・大B〉2片
〈花瓣・小〉2片

各部位作法

〈花心〉
〈花心A〉〔技法⑧製作圈狀切口布〕
捲繞
〈花心B〉〔技法⑨製作切口布〕
修剪多餘部分
〈花心B〉　〈花心C〉
捲繞
〈花心C〉
〔十字固定法〕
製作〈花心A〉，周圍捲繞接著完成的〈花心B〉，修剪多餘部分，捲繞〈花心C〉，以〔十字固定法〕交叉穿縫固定，完成花心。

彙整方法

〈花心C〉
①黏貼。
白膠
〈花瓣・小〉
②黏貼。
白膠
〈花瓣・小〉
蛋架
※用法請參照P.55。

〈花瓣・大A〉
〈花瓣・大B〉
黏貼
〈花瓣・大B〉

錯開花瓣後黏貼，擺在蛋架上成形，固定後進行乾燥。

材料

○不織布
- 粉紅色系　〈E〉〈F〉〈G〉125／〈C〉〈D〉126／〈A〉〈A'〉
　　　　　〈B〉103
- 藍色系　　〈E〉〈F〉〈G〉569／〈C〉〈D〉583／〈A〉〈A'〉
　　　　　〈B〉554
- 黃色系　　〈E〉〈G〉〈G〉383／〈C〉〈D〉313／〈A〉〈A'〉
　　　　　〈B〉304
○其他
- 縫線・手藝用白膠

作法

○各部分作法
〈A〉至〈F〉…分別裁剪。※〈A'〉中央無孔洞。
〈G〉…對摺，再對摺後縫住基部。
○彙整方法
〈A〉中央孔洞周圍塗抹白膠後，黏貼於〈A'〉，以筆等按壓
中心。
　同樣作法後，塗抹白膠，依〈B〉→〈C〉→〈D〉→〈E〉→
　〈F〉→〈G〉順序依序黏貼。

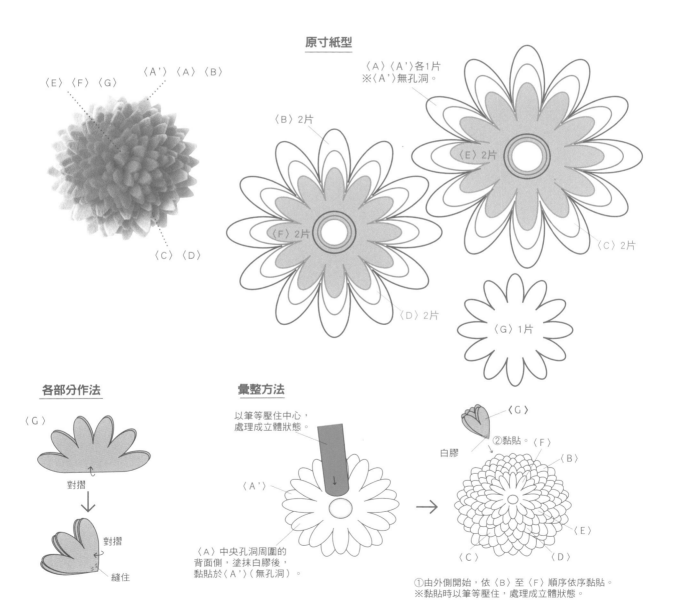

原寸紙型

〈E〉〈F〉〈G〉　　〈A'〉〈A〉〈B〉

〈A〉〈A'〉各1片
※〈A'〉無孔洞。

〈B〉2片

〈E〉2片

〈F〉2片

〈C〉2片

〈C〉〈D〉

〈D〉2片

〈G〉1片

各部分作法

〈G〉

對摺

對摺

縫住

彙整方法

以筆等壓住中心，
處理成立體狀態。

〈A'〉

〈A〉中央孔洞周圍的
背面側，塗抹白膠後，
黏貼於〈A'〉（無孔洞）。

〈G〉

白膠　　②黏貼。〈F〉

〈B〉

〈E〉

〈C〉　　〈D〉

①由外側開始，依〈B〉至〈F〉順序依序黏貼。
※黏貼時以筆等壓住，處理成立體狀態。

No.39 牡丹花 ＞P.36

＞P.36

共通技巧
〔技法⑨製作切口布〕…P.57

材料

○不織布
- 橘色系 〈花心〉333／〈花瓣・小〉227／
  〈花瓣・中〉225／〈花瓣・大〉117
- 紫色系 〈花心〉334／〈花瓣・小〉770／
  〈花瓣・中〉662／〈花瓣・大〉680
- 黃色系 〈花心〉139／〈花瓣・小〉273／
  〈花瓣・中〉213／〈花瓣・大〉334

○其他
- 縫線・手藝用白膠

作法

○各部分作法
〈花心〉…運用〔技法⑨製作切口布〕要領製作後捲繞成花心。
〈花瓣・小〉至〈花瓣・大〉…花瓣分別對摺後，在捲針縫位置，進行捲針縫數次。
○彙整方法
〈花心〉底部塗抹白膠，黏貼於〈花瓣・小〉後，背面塗抹白膠，依〈花瓣・中〉→〈花瓣・大〉順序，由內側開始依序黏貼。

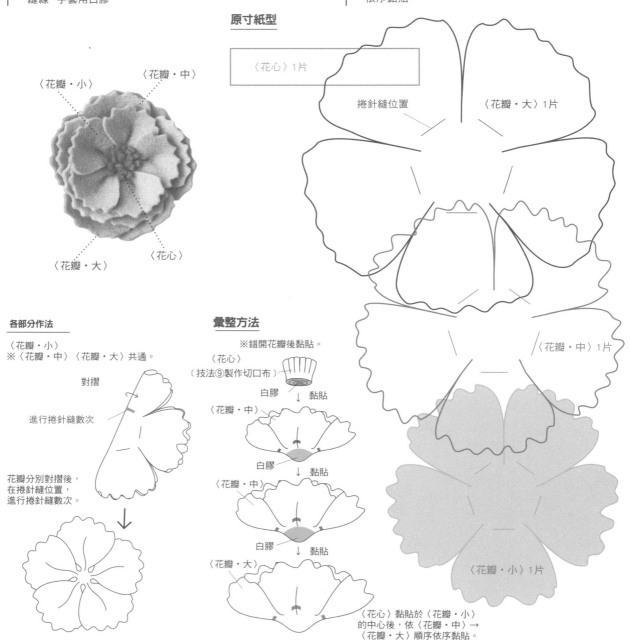

原寸紙型

〈花心〉1片
捲針縫位置
〈花瓣・大〉1片
〈花瓣・中〉1片
〈花瓣・小〉1片

各部分作法

〈花瓣・小〉
※〈花瓣・中〉〈花瓣・大〉共通。

對摺
進行捲針縫數次
花瓣分別對摺後，在捲針縫位置，進行捲針縫數次。

彙整方法

※錯開花瓣後黏貼。

〈花心〉
〔技法⑨製作切口布〕
白膠 ↓ 黏貼
〈花瓣・中〉
白膠 ↓ 黏貼
〈花瓣・中〉
白膠 ↓ 黏貼
〈花瓣・大〉

〈花心〉黏貼於〈花瓣・小〉的中心後，依〈花瓣・中〉→〈花瓣・大〉順序依序黏貼。

〈花瓣・小〉
〈花瓣・中〉
〈花瓣・大〉
〈花心〉

共通技巧
〔技法⑨製作切口布〕…P.57

材料

○不織布
・茶色系 〈花心〉227／〈花瓣〉229
・紅色系 〈花心〉225／〈花瓣〉118
・橘色系 〈花心〉C400／〈花瓣〉C450
○其他
・縫線・手藝用白膠

作法

○各部分作法
〈花心〉…運用〔技法⑨製作切口布〕要領完成製作後捲繞成花心。
〈花瓣〉…重疊2片，中心部分進行平針縫，縫成圓形，拉緊縫線，打止縫結。
○彙整方法
〈花心〉底部塗抹白膠後，黏貼於〈花瓣〉中心。

原寸紙型

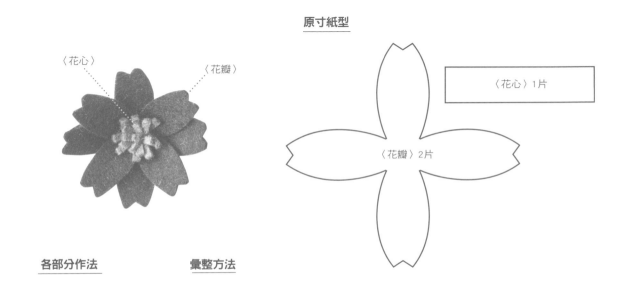

〈花心〉1片

〈花瓣〉2片

各部分作法　　　　**彙整方法**

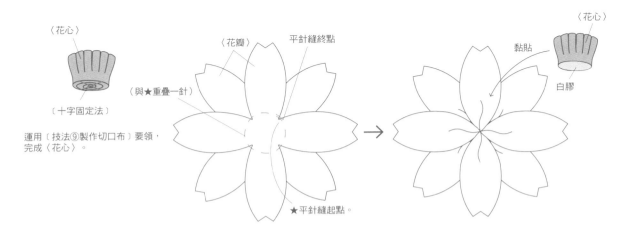

〈花心〉

〔十字固定法〕

運用〔技法⑨製作切口布〕要領，
完成〈花心〉。

〈花瓣〉

平針縫終點

（與★重疊一針）

★平針縫起點。

2片〈花瓣〉錯開後重疊，
中分部分描繪直徑1cm圓形
般進行平針縫。

〈花心〉

黏貼

白膠

進行平針縫後，拉緊縫線，穿向背面側，打止縫結，
〈花心〉底部塗抹白膠，黏貼於中心。

No.42 茶花（乙女） > P.37

〔技法②以複數片不織布製作杯形花瓣〕…P.11

材料

○不織布
・〈花心〉〈花瓣・小〉770／〈花瓣・中〉771／〈花瓣・大〉273
○其他
・鐵絲（#26）、手藝用白膠
・直徑1cm木珠（R10-6 圓木／T）1顆

作法

○各部分作法
〈花心〉…鐵絲穿過木珠後，接著穿過以錐子往中心鑽孔的〈花心〉，花瓣塗抹白膠後黏貼。
〈花瓣・小〉至〈花瓣・大〉…運用〔技法②以複數片不織布製作杯形花瓣〕要領，分別連結。
○彙整方法
〈花心〉塗抹白膠後，運用〔技法②以複數片不織布製作杯形花瓣〕要領，製作〈花瓣・小〉後黏貼。同樣處理後，依〈花瓣・中內側〉→〈花瓣・中 外側〉→〈花瓣・大〉順序黏貼。扳開鐵絲，修剪多餘部分，將〈底座〉黏貼於背面側。

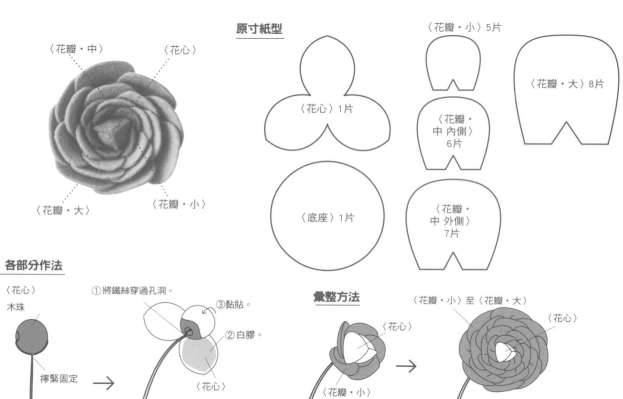

原寸紙型

〈花瓣・小〉5片
〈花瓣・大〉8片
〈花心〉1片
〈花瓣・中 內側〉6片
〈底座〉1片
〈花瓣・中 外側〉7片

〈花瓣・中〉 〈花心〉
〈花瓣・大〉 〈花瓣・小〉

各部分作法

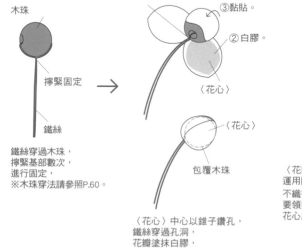

〈花心〉
木珠
撐緊固定
鐵絲

鐵絲穿過木珠，
撐緊基部數次，
進行固定，
※木珠穿法請參照P.60。

①將鐵絲穿過孔洞。
③黏貼。
②白膠。
〈花心〉

包覆木珠
〈花心〉

〈花心〉中心以錐子鑽孔，
鐵絲穿過孔洞，
花瓣塗抹白膠，
黏貼於木珠上。

彙整方法

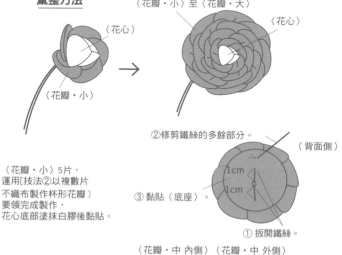

〈花瓣・小〉至〈花瓣・大〉
〈花心〉
〈花瓣・小〉

〈花瓣・小〉5片，
運用〔技法②以複數片
不織布製作杯形花瓣〕
要領完成製作，
花心底部塗抹白膠後黏貼。

②修剪鐵絲的多餘部分。
（背面側）
1cm
1cm
③黏貼〈底座〉。
①扳開鐵絲。

〈花瓣・中 內側〉〈花瓣・中 外側〉
〈花瓣・大〉同樣製作後，由內側開始，
依序黏貼。扳開鐵絲，修剪多餘部分，
黏貼〈底座〉。

共通技巧
〔技法⑨製作花蕊〕…P.57　　〔十字固定法〕…P.49

材料

○不織布
・〈花心A〉331／〈花心B〉333／
〈花瓣・小〉450／〈花瓣・大〉442
○其他
・縫線・手藝用白膠

作法

○各部分作法
〈花心・內側〉…運用〔技法⑨製作切口布〕要領完成製作。
〈花心・外側〉…運用〔技法⑨製作切口布〕要領，同樣裁剪後，沿
著〈花心・內側〉周圍捲繞，以〔十字固定法〕交叉穿縫固定。
〈花瓣・小〉〈花瓣・大〉…分別裁剪。
○彙整方法
貼合2片〈花瓣・大〉，擺在蛋架上成形，黏貼成立體狀態。
→貼合2片〈花瓣・小〉後，黏貼於〈花瓣・大〉內側，以筆等壓住
中心，處理成立體狀態。
→〈花心〉底部塗抹白膠後，黏貼於中心。

原寸紙型

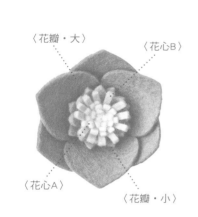

〈花瓣・大〉2片

〈花心A〉1片

〈花心B〉1片

〈花瓣・小〉2片

各部位作法

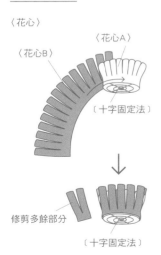

〈花心〉
〈花心B〉
〈花心A〉
〔十字固定法〕

修剪多餘部分
〔十字固定法〕

運用〔技法⑨製作切口布〕要領，
完成〈花心A〉，
周圍捲繞同樣裁剪的〈花心B〉。
※修剪〈花心B〉的多餘部分。

彙整方法

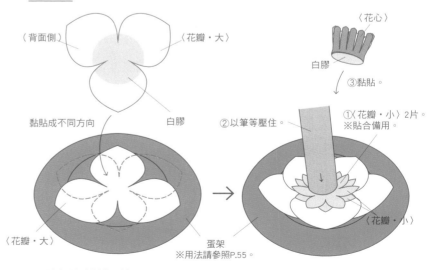

〈背面側〉　〈花瓣・大〉

黏貼成不同方向　　白膠

〈花瓣・大〉　　蛋架
※用法請參照P.55。

〈花心〉
白膠
③黏貼。

②以筆等壓住。
①〈花瓣・小〉2片。
※貼合備用。
〈花瓣・小〉

貼合2片〈花瓣・大〉，
擺在蛋架上成形，黏貼成立體狀態。

2片〈花瓣・小〉黏貼於中心，
以筆等壓住，處理成立體狀態，
黏貼〈花心〉。

No.44 洋甘菊／藍雛菊 > P.43

共通技巧
〔技法⑥以一片花形不織布抓縫製作花瓣〕…P.52
〔技法⑧製作圈狀切口布〕…P.56

材料

○不織布
・洋甘菊（白色）〈花瓣〉701／〈花心〉225
・藍雛菊（藍色）〈花瓣〉582／〈花心〉334
○其他
・縫線・手藝用白膠

作法

○各部分作法
〈花心〉…運用〔技法⑧製作圈狀切口布〕要領，以1.5
×5cm不織布完成製作。
〈花瓣〉…運用〔技法⑥以一片花形不織布抓縫製作花瓣〕要領完成製作。
○彙整方法
〈花心〉底部塗抹白膠，黏貼於〈花瓣〉中心。

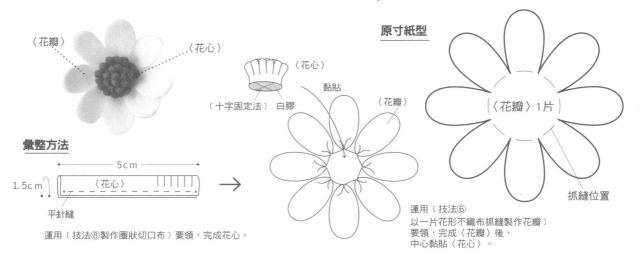

彙整方法

運用〔技法⑧製作圈狀切口布〕要領，完成花心。

原寸紙型

運用〔技法⑥
以一片花形不織布抓縫製作花瓣〕
要領，完成〈花瓣〉後，
中心黏貼〈花心〉。

No.45 友禪菊 > P.43

共通技巧
〔技法⑥以一片花形不織布抓縫製作花瓣〕…P.52
〔技法⑧製作圈狀切口布〕…P.56

材料

○不織布
藍色系 〈花瓣〉552／〈花心〉331
粉紅色系 〈花瓣〉105／〈花心〉332
○其他
縫線 手藝用白膠

作法

○各部分作法
〈花心〉…運用〔技法⑧製作圈狀切口布〕要領，以
1.5×5cm不織布完成製作。
〈花瓣〉…運用〔技法⑥以一片花形不織布抓縫製作
花瓣〕要領成形。
○彙整方法
〈花心〉底部塗抹白膠後，黏貼於〈花瓣〉中心。

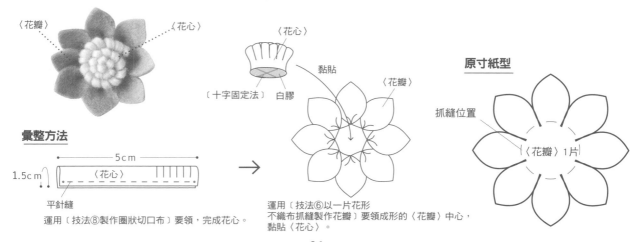

彙整方法

運用〔技法⑧製作圈狀切口布〕要領，完成花心。

原寸紙型

運用〔技法⑥以一片花形
不織布抓縫製作花瓣〕要領成形的〈花瓣〉中心，
黏貼〈花心〉。

材料

○不織布
・紫色系　〈花心A〉370／〈花心B〉332／
　　　　　〈花瓣〉680
・粉紅色系〈花心A〉443／〈花心B〉105／
　　　　　〈花瓣〉301
○其他
・縫線・手藝用白膠

作法

○各部分作法
〈花心A〉…塗抹白膠，對摺後，進行貼合。
〈花心B〉…不織布裁剪成1×12cm。
〈花瓣〉…對摺後進行捲針縫，縫成筒形。翻回正面，基部進行
　　　　平針縫，拉緊縫線，打止縫結。
○彙整方法
　　摺雙側朝上，將〈花心A〉黏貼於端部，塗抹白膠後開始捲
　　繞。
　　→〈花心B〉底部塗抹白膠後，黏貼於〈花瓣〉中心。

原寸紙型

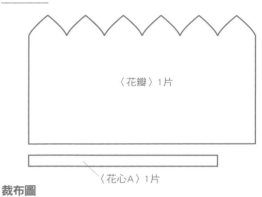

〈花瓣〉1片

〈花心A〉1片

裁布圖

1cm　〈花心B〉1片
　　　　　12cm

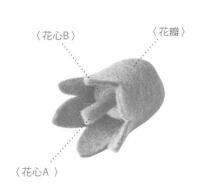

〈花心B〉　　　〈花瓣〉

〈花瓣〉

〈花心A〉

各部分作法

〈花心〉

對摺

〈花心 A〉

白膠

〈花心 B〉

黏貼於端部，全面塗抹白膠。

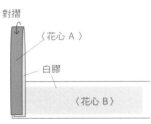

〈花心 B〉

〈花心 A〉

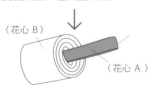

摺雙側朝上，將對摺貼合的〈花心A〉，
黏貼於塗抹白膠的〈花心B〉端部後捲繞。

〈花瓣〉

捲繞
※來回。

〈花瓣〉

對摺

翻回正面

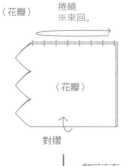

平針縫

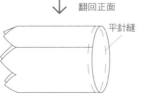

基部進行平針縫，
拉緊縫線，打止縫結。

彙整方法

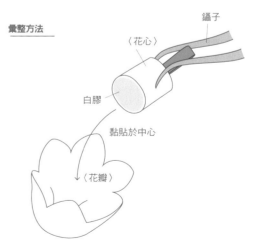

鑷子

〈花心〉

白膠

黏貼於中心

〈花瓣〉

〈花心〉底部塗抹白膠，
黏貼於〈花瓣〉中心。

No.47 千日紅 ＞P.43

材料

○不織布
・〈花心〉113／〈花瓣A〉116／〈花瓣B〉126
○其他
・鐵絲（#26）1根・手藝用白膠
・直徑1cm木珠（R10-6 圓木／T）

作法

○各部分作法
〈花心〉…鐵絲穿過木珠後，摔緊基部，接著穿過中心鑽孔的〈花心〉，花瓣塗抹白膠，4片花瓣分別成對角線狀，黏貼在木珠上。〈花瓣〉…〈花瓣A〉、〈花瓣B〉共4片，中心分別以錐子鑽孔。
○彙整方法
中心鑽孔的2片〈花瓣A〉、1片〈花瓣B〉，依序穿過鐵絲後進行黏貼。扳開鐵絲，修剪多餘部分，背面側黏貼另外一片〈花瓣B〉。

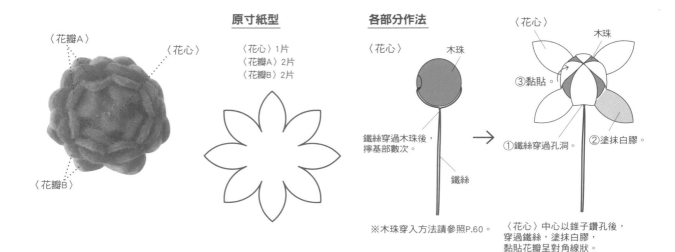

原寸紙型

〈花心〉1片
〈花瓣A〉2片
〈花瓣B〉2片

各部分作法

〈花心〉

木珠

鐵絲穿過木珠後，
摔基部數次。

鐵絲

※木珠穿入方法請參照P.60。

〈花心〉

木珠

③黏貼。

①鐵絲穿過孔洞。　②塗抹白膠。

〈花心〉中心以錐子鑽孔後，
穿過鐵絲，塗抹白膠，
黏貼花瓣呈對角線狀。

彙整方法　※錯開花瓣後黏貼。

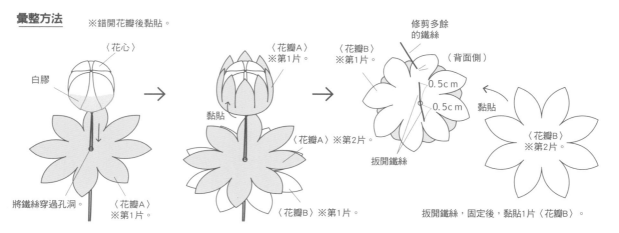

〈花心〉

白膠

將鐵絲穿過孔洞。

〈花瓣A〉
※第1片。

底部塗抹白膠後，
穿過以錐子往中央鑽孔的
〈花瓣A〉。

〈花瓣A〉
※第1片。

黏貼

〈花瓣A〉※第2片。

〈花瓣B〉※第1片。

黏貼另一片〈花瓣A〉。
同樣處理，穿過中心鑽孔的1片
〈花瓣B〉後進行黏貼。

修剪多餘
的鐵絲

〈花瓣B〉
※第1片。

0.5cm

0.5cm

扳開鐵絲

（背面側）

黏貼

〈花瓣B〉
※第2片。

扳開鐵絲，固定後，黏貼1片〈花瓣B〉。

No.48 綠石竹 >P.43

>P.43

共通技巧
〔技法⑨製作切口布〕…P.57

材料

○不織布
　・綠色系　〈花瓣〉442
　・深綠色系　〈花瓣〉444
○其他
　・縫線

作法

○各部分作法
　〈花瓣〉…不織布裁剪成2×20cm，間隔約0.2cm，剪切口。
○彙整方法
　不織布剪切口後捲繞，以〔十字固定法〕交叉穿縫固定基部。

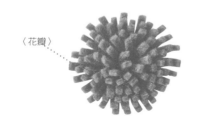

〈花瓣〉

彙整方法

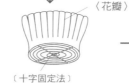

〈花瓣〉

捲繞

0.5cm

運用〔技法⑨製作切口布〕
要領，完成〈花瓣〉後捲繞。

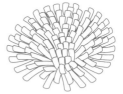

〈花瓣〉

〔十字固定法〕

裁布圖

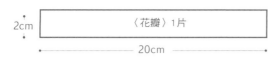

2cm

〈花瓣〉1片

20cm

No.49 山梅花 >P.43

>P.43

共通技巧
〔技法⑨製作切口布〕…P.57

材料

○不織布
　・〈花心〉221／〈花瓣〉304
○其他
　・縫線・手藝用白膠

作法

○各部分作法
　〈花心〉…間隔約2mm，剪切口後，運用〔技法⑨製作切口布〕要
　領完成製作。
　〈花瓣〉…以平針縫法連結5片花瓣，串縫終點重疊起點2至3針，
　拉緊縫線，打止縫結。
○彙整方法
　〈花心〉塗抹白膠後，黏貼於串縫連結的〈花瓣〉中心。

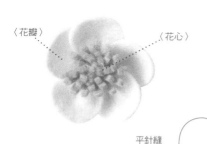

〈花瓣〉　　　　〈花心〉

原寸紙型

〈花瓣〉
5片

〈花心〉1片

彙整方法

串縫5片〈花瓣〉。
※串縫終點重疊
　起點2至3針。

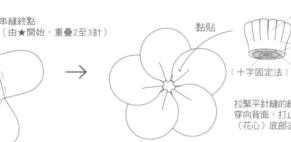

平針縫

串縫終點
（由★開始，重疊2至3針）

〈花瓣〉

串縫起點★

黏貼

運用〔技法
⑨製作切口布〕要領，
完成〈花心〉。

距離0.3cm
剪切口

〔十字固定法〕　白膠

拉緊平針縫的縫線，
穿向背面，打止縫結，
〈花心〉底部塗抹白膠後黏貼。

No.50 矢車菊 >P.43

材料

○不織布
- 藍色系 〈花瓣・大〉554／〈花瓣・小 有孔〉
  569／〈花瓣・小 無孔〉557
- 粉紅色系 〈花瓣・大〉110／〈花瓣・小 有孔〉
  103／〈花瓣・小 無孔〉108
- 藍色與粉紅色系 〈花瓣・大〉102／〈花瓣・小
  有孔〉680／〈花瓣・小 無
  孔〉663

○其他
- 縫線・手藝用白膠

作法

○各部分作法
〈花瓣・大 基底〉…依紙型裁剪1片。
〈花瓣・大 小花〉…沿著裁剪線,2片裁剪成四等份後,裁掉中心部分。
　對摺後進行捲針縫,完成8朵小花。
〈花瓣・小 有孔〉…依紙型裁剪。
〈花瓣・小 無孔〉…對摺,再對摺,縫住基部。
○彙整方法
〈花瓣・大 基底〉塗抹白膠,將小花黏貼成十字型,接著黏貼於小花之
　間。
〈花瓣・小 有孔〉的孔洞周圍塗抹白膠,黏貼〈花瓣・小 無孔〉後,接著
　黏貼在〈花瓣・大〉上。

原寸紙型

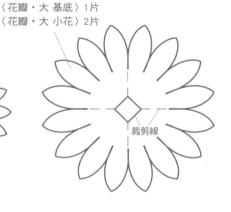

〈花瓣・小 無孔〉　〈花瓣・小 有孔〉

〈花瓣・小 有孔〉1片
〈花瓣・小 無孔〉1片

〈花瓣・大 基底〉1片
〈花瓣・大 小花〉2片

〈花瓣・大 基底〉

〈花瓣・大 小花〉

裁剪線

各部分作法

〈花瓣・大 小花〉

①將〈花瓣・大 小花〉
裁剪成四等份。

②裁掉中心部分。

進行捲針縫
※來回。

對摺

※製作8朵。

〈花瓣・小 無孔〉

對摺

↓

對摺

↓

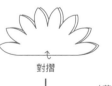

縫住

彙整方法

〈花瓣・小 無孔〉

插入孔洞後黏貼

〈花瓣・小 有孔〉

黏貼〈花瓣・大 小花〉

白膠

〈花瓣・小 有孔〉
的背面,塗抹白膠
後黏貼。

〈花瓣・大 基底〉

白膠

〈花瓣・大 基底〉塗抹白膠,
〈花瓣・大 小花〉（1至4）
完成捲針縫邊端朝下,黏貼成十字型。

其他〈花瓣・大 小花〉（5至8）
同樣黏貼,黏貼已經貼著
〈花瓣・小 無孔〉的
〈花瓣・小 有孔〉。

簇生型玫瑰造型胸針　＞P.08

材料

○材料
・No.1 簇生型玫瑰
〈花心〉〈花蕾〉770／〈花瓣・小〉553／〈花瓣・大〉552／
〈葉子〉〈底座〉449／葉子用鐵絲（＃24）3根
・No.17 雪球花
白色系　〈花瓣〉701／大圓珠（semi Glazed beads 2600F／T）3顆
灰色系　〈花瓣〉273／大圓珠（51／T）3顆／
花朵用鐵絲（＃30）7根
・長3.5mm安全別針（No.59／K）1支
・厚紙・縫線・手藝用白膠

作法

○各部分作法
　依圖示中記載各作法頁說明完成製作。
○彙整方法
〈底座〉縫別針後，利用白膠（或熱熔膠槍），黏貼各
部分。※胸針作法請參照P.12。

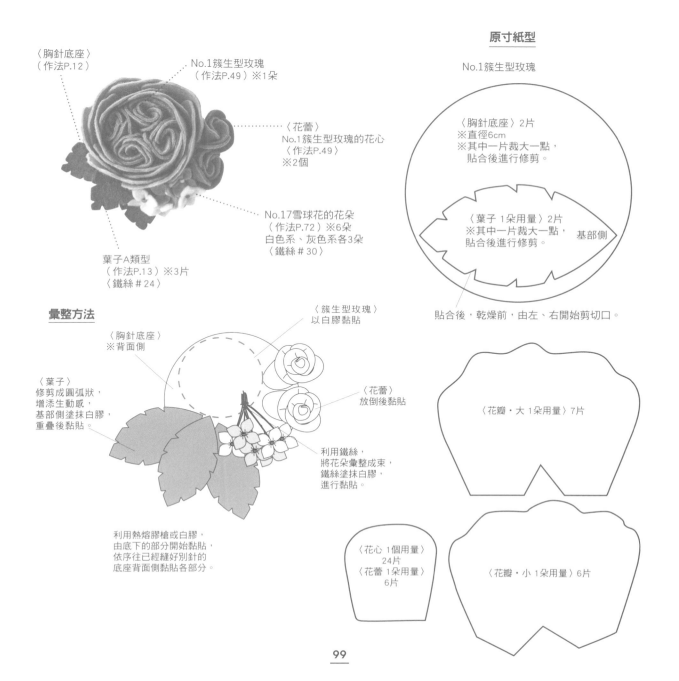

〈胸針底座〉
（作法P.12）

No.1簇生型玫瑰
（作法P.49）※1朵

〈花蕾〉
No.1簇生型玫瑰的花心
〈作法P.49〉
※2個

No.17雪球花的花朵
（作法P.72）※6朵
白色系、灰色系各3朵
〈鐵絲＃30〉

葉子A類型
（作法P.13）※3片
〈鐵絲＃24〉

彙整方法

〈胸針底座〉
※背面側

〈葉子〉
修剪成圓弧狀，
增添生動感，
基部側塗抹白膠，
重疊後黏貼。

〈簇生型玫瑰〉
以白膠黏貼

〈花蕾〉
放倒後黏貼

利用鐵絲，
將花朵彙整成束，
鐵絲塗抹白膠，
進行黏貼。

利用熱熔膠槍或白膠，
由底下的部分開始黏貼，
依序往已經縫好別針的
底座背面側黏貼各部分。

原寸紙型

No.1簇生型玫瑰

〈胸針底座〉2片
※直徑6cm
※其中一片裁大一點，
貼合後進行修剪。

〈葉子 1朵用量〉2片
※其中一片裁大一點，
貼合後進行修剪。

基部側

貼合後，乾燥前，由左、右開始剪切口。

〈花瓣・大 1朵用量〉7片

〈花心 1個用量〉
24片
〈花蕾 1朵用量〉
6片

〈花瓣・小 1朵用量〉6片

白頭翁造型胸針 > P.20

材料

- ·〈花心A〉444／〈花心B〉229／
  〈花瓣〉273／〈葉子〉〈胸針底座〉770／
- ·直徑0.8cm小絨球（粉紅色）1顆
- ·長3.5cm安全別針（No.59／K）1支
- ·厚紙·縫線·手藝用白膠

作法

- ○各部分作法
  依圖示中記載各作法頁說明完成製作。
- ○彙整方法
  〈底座〉縫別針後，利用白膠（或熱熔膠槍），黏貼各部分。
  ※胸針作法請參照P.12。

彙整方法

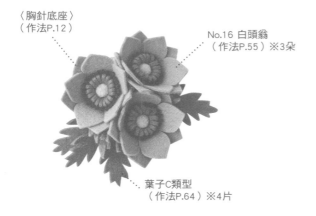

〈胸針底座〉
（作法P.12）

No.16 白頭翁
（作法P.55）※3朵

葉子C類型
（作法P.64）※4片

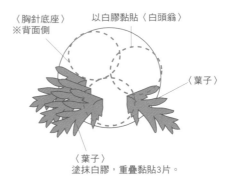

〈胸針底座〉
※背面側

以白膠黏貼〈白頭翁〉

〈葉子〉

〈葉子〉
塗抹白膠，重疊黏貼3片。

雪球花造型胸花 > P.20

材料

- ·白色系 〈花瓣〉701／
  大圓珠（semi Glazed beads 2600F／D）20顆
- ·灰色系 〈花瓣〉273／大圓珠（51／T）22顆
- ·〈葉子〉444
- ·花朵用鐵絲（#30）42根·葉子用鐵絲（#24）2根
- ·長3.5cm安全別針（No.59／K）1支
- ·花藝膠帶·縫線·手藝用白膠

作法

- ○各部分作法
  依圖示中記載各作法頁說明完成製作。
- ○彙整方法
  將花朵與葉子用鐵絲莖部彙整成束，纏繞花藝膠帶。
  利用花藝膠帶，將別針固定於莖部。※胸花作法請參閱P.14。

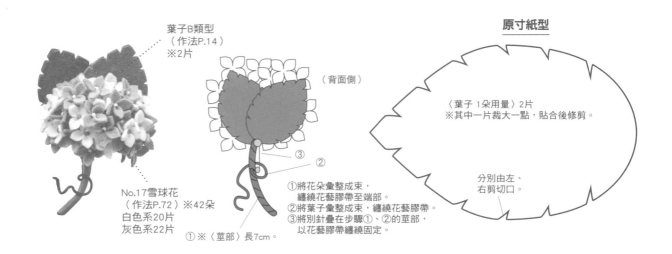

葉子B類型
（作法P.14）
※2片

（背面側）

No.17雪球花
（作法P.72）※42朵
白色系20片
灰色系22片

①※〈莖部〉長7cm。

①將花朵彙整成束，
纏繞花藝膠帶至端部。
②將葉子彙整成束，纏繞花藝膠帶。
③將別針疊在步驟①、②的莖部，
以花藝膠帶纏繞固定。

原寸紙型

〈葉子 1朵用量〉2片
※其中一片裁大一點，貼合後修剪。

分別由左、
右剪切口。

荷葉邊三色堇 ＞P.21

材料

- ·灰色系 〈花瓣A〉771／〈花瓣B〉701／〈花瓣C〉770／
　　　　小圓珠（557）4顆／大圓珠（557）2顆
- ·藍色系 〈花瓣A〉553／〈花瓣B〉552／〈花瓣C〉557／
　　　　小圓珠（557）2顆／大圓珠（557）1顆
- ·〈葉子〉446（b色）·449（a色）
- ·長8cm彈開式髮夾（G／K）1支
- ·縫線·手藝用白膠

作法

- ○各部分作法
　依圖示中記載各作法頁說明完成製作。
- ○彙整方法
　將葉子縫在髮夾（有孔）上，以白膠黏貼花朵。

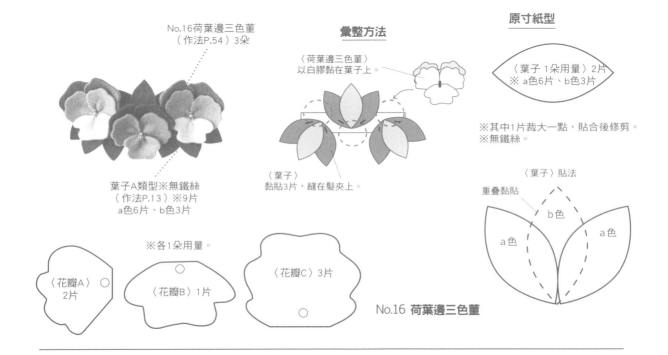

No.16荷葉邊三色堇
（作法P.54）3朵

葉子A類型※無鐵絲
（作法P.13）※9片
a色6片、b色3片

彙整方法

〈荷葉邊三色堇〉
以白膠黏在葉子上。

〈葉子〉
黏貼3片，縫在髮夾上。

原寸紙型

〈葉子 1朵用量〉2片
※ a色6片、b色3片

※其中1片裁大一點，貼合後修剪。
※無鐵絲。

〈葉子〉貼法
重疊黏貼
b色
a色
a色

※各1朵用量。

〈花瓣A〉
2片

〈花瓣B〉1片

〈花瓣C〉3片

No.16 **荷葉邊三色堇**

原寸紙型

No.15 **白頭翁**

〈花瓣 1朵用量〉
2片

〈葉子 1片用量〉1片

〈胸針底座〉2片
※直徑5cm。
※其中一片裁大一點，貼合後修剪。

瑪格麗特造型胸針　＞P.26

材料
- 白色系　〈花心〉G550／〈花瓣〉U040／
　　　　　〈葉子〉G250／直徑0.8cm小絨球（黃色）1顆
- 米黃色系　〈花心〉H740／〈花瓣〉U410／〈葉子〉G550
　　　　　／直徑0.8cm小絨球（橘色）1顆
- 長3.5cm胸針台（附圓盤髮夾／K）2個
- 手藝用白膠

作法
○各部分作法
　依圖示中記載各作法頁說明完成
　製作。
○彙整方法
　利用適合黏貼金屬的黏著劑（※熱
　熔膠不適合黏貼金屬，需留意），
　將各部分黏貼於胸針台上。

〈花瓣 1朵用量〉
1片

串縫位置

彙整方法

No.19瑪格麗特
（作法P.58）※1朵。

利用黏著劑，
將（瑪格麗特）黏貼在台座上。

〈葉子 1片用量〉
1片

〈葉子〉
裁剪2片後，
直接以黏著劑黏貼在台座上。

葉子※2片。

原寸紙型

No.19 瑪格麗特

繡球花造型胸花　＞P.26

材料
- 〈花心〉Y890／〈花瓣 小〉G550／
　〈花瓣 大〉G250／
　〈葉子〉B900（上側）H740（下側）／
　大圓珠（No.2109／T）21顆
- 花心用鐵絲（#24）1根
- 花朵用鐵絲（#30）23根
- 長3.5cm安全別針（No.59／K）1支
- 花藝膠帶・縫針與縫線・手藝用白膠

作法
○各部分作法
　依圖示中記載各作法頁說明完成製作。
○彙整方法
　花朵與葉子的鐵絲莖部彙整成束後，纏
　繞花藝膠帶。利用花藝膠帶，將別針纏繞
　固定於莖部。　※胸花作法請參照P.14。

No.23繡球花
（作法P.60）※花21朵。

葉子B類型的變化組合
（作法P.64）※2片。

※（莖）長7cm。

原寸紙型

〈葉子 1朵用量〉2片

上側剪切口

※下側剪大一點，貼合後修剪。

帽飾 ＞P.28

材料

- No.18亞馬遜百合　〈花瓣〉221／〈花心〉229／玫瑰花蕊1根
- No.22日本厚朴花　〈花心A〉219／〈花心B〉334／〈花瓣・小〉116／
  〈花瓣・中〉105／〈花瓣・大〉301
- No.24大岩桐　〈花心〉〈花瓣・小〉336／〈花瓣・中〉331／〈花瓣・大〉304
- No.25芙蓉花　〈花心A〉334／〈花心B〉219／〈花瓣〉213
- No.30薰衣草　〈尖端〉680／〈花瓣〉662／〈葉子〉442／鐵絲（#24）3根
- No.44洋甘菊　〈花心〉225／〈花瓣〉701
- No.46風鈴桔梗　〈花心A〉370／〈花心B〉332／〈花瓣〉680
- 風信子　〈花瓣〉770・553／花朵用鐵絲（#30）10根／大圓珠（2109／T）
  10顆／〈葉子〉442／葉子用鐵絲（#26）3根
- 〈底座〉　450※2片　・花藝膠帶・縫線・手藝用白膠

作法

- ○各部分作法
  依圖示中記載各作法頁說明完成製
  作。
- ○彙整方法
  利用白膠（或熱熔膠槍），將各部分黏
  貼在〈底座〉上。

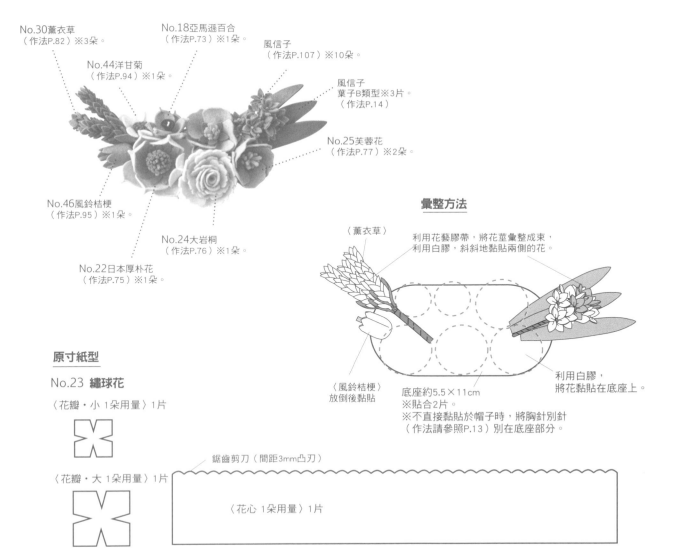

No.30薰衣草
（作法P.82）※3朵。

No.18亞馬遜百合
（作法P.73）※1朵。

No.44洋甘菊
（作法P.94）※1朵。

風信子
（作法P.107）※10朵。

風信子
葉子B類型※3片。
（作法P.14）

No.25芙蓉花
（作法P.77）※2朵。

No.46風鈴桔梗
（作法P.95）※1朵。

No.24大岩桐
（作法P.76）※1朵。

No.22日本厚朴花
（作法P.75）※1朵。

彙整方法

〈薰衣草〉

利用花藝膠帶，將花莖彙整成束，
利用白膠，斜斜地黏貼兩側的花。

〈風鈴桔梗〉
放倒後黏貼

底座約5.5×11cm
※貼合2片。
※不直接黏貼於帽子時，將胸針別針
（作法請參照P.13）別在底座部分。

利用白膠，
將花黏貼在底座上。

原寸紙型

No.23 繡球花

〈花瓣・小 1朵用量〉1片

〈花瓣・大 1朵用量〉1片

鋸齒剪刀（間距3mm凸刃）

〈花心 1朵用量〉1片

103

提籃花飾　＞P.29

材料

- ・No.19瑪格麗特　〈花心〉334／〈花瓣〉221／直徑0.8cm小絨球（黃色）1顆
- ・No.21洋玉蘭　〈花心A〉229／〈花心B〉227／〈花瓣・小〉118／〈花瓣・大〉117
- ・No.23繡球花　〈花心〉405／〈花瓣・小〉442／〈花瓣・大〉450／小圓珠（Royal Bead No.762／T）／花心用鐵絲（#24）1根／花朵用鐵絲（#30）22根
- ・No.26洋桔梗　〈花瓣・小〉213／〈花瓣・中〉235／〈花瓣・大〉219
- ・No.29覆盆子　〈花心〉334／〈花瓣〉273／〈花萼A〉〈花萼B〉444／25號繡線　藍色（3809／DMC）／〈果實〉559／大圓珠（49／T）適量／鐵絲（#24）6根
- ・No.44洋甘菊　〈花心〉225／〈花瓣〉701
- ・No.48綠石竹　〈花瓣〉444
- ・〈底座〉449※2片、〈葉子①〉444／〈葉子②〉449／鐵絲（#24）7根
- ・花藝膠帶・縫線・手藝用白膠

作法

- ○各部分作法
  依圖示中記載各作法頁說明完成製作。
- ○彙整方法
  利用白膠（或熱熔膠槍），將各部分黏貼於〈底座〉上。

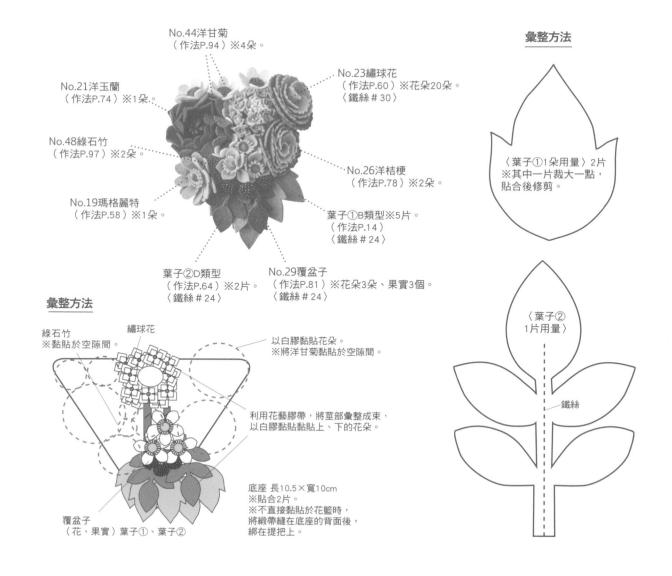

No.44洋甘菊
（作法P.94）※4朵。

No.23繡球花
（作法P.60）※花朵20朵。
〈鐵絲#30〉

No.21洋玉蘭
（作法P.74）※1朵。

No.48綠石竹
（作法P.97）※2朵。

No.19瑪格麗特
（作法P.58）※1朵。

No.26洋桔梗
（作法P.78）※2朵。

葉子①B類型※5片。
（作法P.14）
〈鐵絲#24〉

葉子②D類型
（作法P.64）※2片。
〈鐵絲#24〉

No.29覆盆子
（作法P.81）※花朵3朵、果實3個。
〈鐵絲#24〉

彙整方法

綠石竹
※黏貼於空隙間。

繡球花

以白膠黏貼花朵。
※將洋甘菊黏貼於空隙間。

利用花藝膠帶，將莖部彙整成束，以白膠黏貼黏上、下的花朵。

覆盆子
（花、果實）葉子①、葉子②

底座 長10.5×寬10cm
※貼合2片。
※不直接黏貼於花籃時，
將緞帶縫在底座的背面後，
綁在提把上。

彙整方法

〈葉子①1朵用量〉2片
※其中一片裁大一點，
貼合後修剪。

〈葉子②
1片用量〉

鐵絲

線菊造型胸針　>P.32

材料

- ・No.33線菊 〈花心〉334／〈花瓣〉442／
  〈葉子・綠色〉〈底座〉444／〈葉子・灰色〉273
- ・No.47千日紅 〈花心〉443／〈花瓣A〉450／
  〈花瓣B〉405／鐵絲（#26）3根
- ・葉子用鐵絲（#22）2根
- ・長3.5cm安全別針（No.59／K）1支
- ・厚紙・手藝用白膠

作法

- ○各部分作法
  依圖示中記載各作法頁說明完成製作。
- ○彙整方法
  〈底座〉縫別針後，利用白膠（或熱熔膠槍），黏貼各
  部分。※胸針作法請參照P.12。

No.47千日紅
（作法P.96）
※3朵。

No.33線菊
（作法P.85）
※1朵。

〈胸針底座〉
（作法P.12）

葉子D類型
（作法P.64）
※2片（2色）。

彙整方法

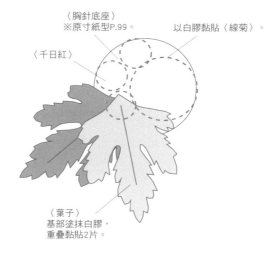

〈胸針底座〉
※原寸紙型P.99。

以白膠黏貼〈線菊〉。

〈千日紅〉

〈葉子〉
基部塗抹白膠，
重疊黏貼2片。

原寸紙型

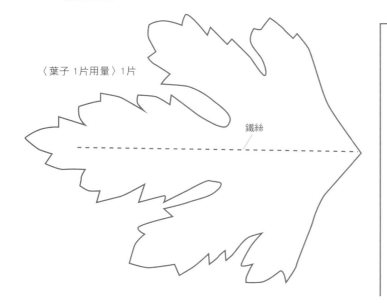

〈葉子 1片用量〉1片

鐵絲

原寸紙型

No.36 百日草

〈葉子 1朵用量〉2片　　基部側

※其中一片裁大一點，貼合後修剪。

105

百日草 > P.33

材料
・〈花心A〉229／〈花心B〉334／〈花心C〉442／
〈花瓣・小〉450、116／〈花瓣・大A〉105／〈花瓣・大B〉102／
〈葉子〉〈胸針底座〉449／鐵絲（＃26）5根
・長3.5cm安全別針（No.59／K）1支
・厚紙・縫線・手藝用白膠

作法
○各部分作法
　依圖示中記載各作法頁說明完成製作。
○彙整方法
　〈底座〉縫別針後，利用白膠（或熱熔膠槍），黏貼各
　部分。　※胸針作法請參照P.12。

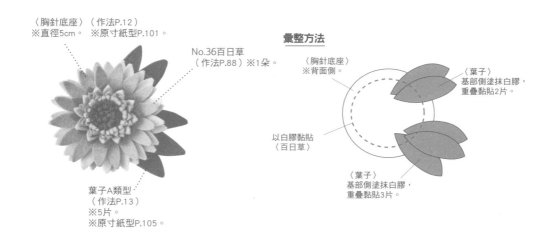

〈胸針底座〉（作法P.12）
※直徑5cm。　※原寸紙型P.101。

No.36百日草
（作法P.88）※1朵。

葉子A類型
（作法P.13）
※5片。
※原寸紙型P.105。

彙整方法

〈胸針底座〉
※背面側。

〈葉子〉
基部側塗抹白膠，
重疊黏貼2片。

以白膠黏貼
〈百日草〉

〈葉子〉
基部側塗抹白膠，
重疊黏貼3片。

百日草造型胸花 > P.33

材料
・〈花心A〉229／〈花心B〉334／〈花心C〉444／
〈花瓣 小〉442、120／〈花瓣 大A〉117／〈花瓣 大B〉144／
〈葉子〉449／鐵絲（＃26）3條
・長3.5cm安全別針（No.59／K）1支
・花藝膠帶・縫線・手藝用白膠

作法
○各部分作法
　依圖示中記載各作法頁說明完成製作。
○彙整方法
　葉子的鐵絲莖部彙整成束後，纏繞花藝膠帶。利用
　花藝膠帶，將別針纏繞固定於莖部，以白膠黏貼花。
　※胸花作法請參照P.14。

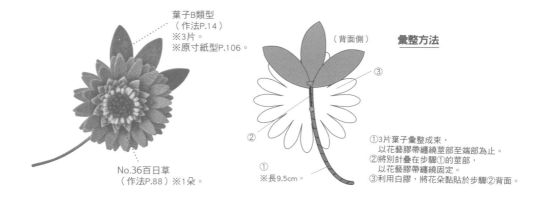

葉子B類型
（作法P.14）
※3片。
※原寸紙型P.106。

〈背面側〉

彙整方法

No.36百日草
（作法P.88）※1朵。

※長9.5cm。

①3片葉子彙整成束，
　以花藝膠帶纏繞莖部至端部為止。
②將別針疊在步驟①的莖部，
　以花藝膠帶纏繞固定。
③利用白膠，將花朵黏貼於步驟②背面。

材料

・〈小花〉552（藍色）・553（深藍色）・770（灰色）／
　〈葉子〉449
・大圓珠（2109／T）39顆
・花朵用鐵絲（＃30）42根／葉子用鐵絲（＃26）5根
・花藝膠帶・縫線・手藝用白膠

作法

○各部分作法
　〈小花〉…運用No.17雪球花（作法P.72）要領，同樣製作39朵小花。
　〈葉子〉…依照B類型作法完成製作。
○彙整方法
　依灰色→深藍色→藍色順序，由頂端開始，將〈小花〉依序彙整成束，加上鐵絲，撐緊固定，纏繞花藝膠帶。
　→〈葉子〉與小花一起彙整成束後，纏繞花藝膠帶。

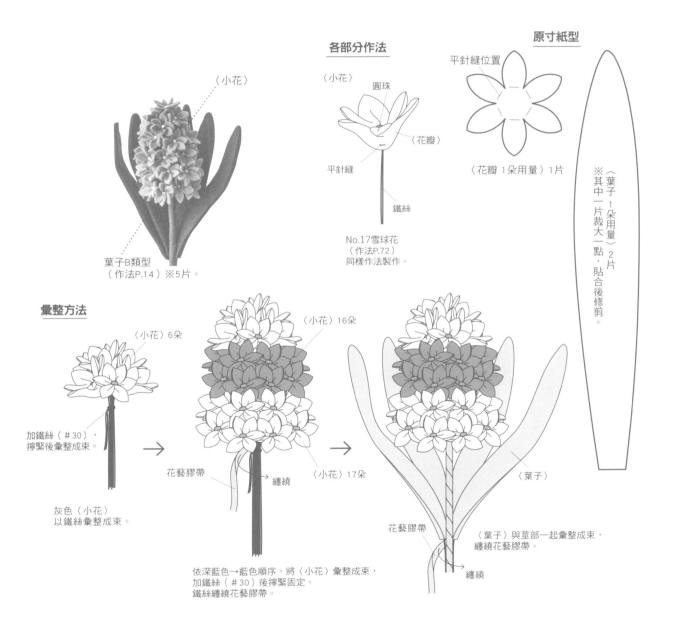

各部分作法

〈小花〉

圓珠

〈花瓣〉

平針縫

鐵絲

No.17雪球花
（作法P.72）
同樣作法製作。

原寸紙型

平針縫位置

〈花瓣 1朵用量〉1片

※其中一片裁大一點，貼合後修剪。

〈葉子 1朵用量〉2片

〈小花〉

葉子B類型
（作法P.14）※5片。

彙整方法

〈小花〉6朵

加鐵絲（＃30），
撐緊後彙整成束。

灰色〈小花〉
以鐵絲彙整成束。

〈小花〉16朵

花藝膠帶

纏繞

〈小花〉17朵

依深藍色→藍色順序，將〈小花〉彙整成束，
加鐵絲（＃30）後撐緊固定。
鐵絲纏繞花藝膠帶。

〈葉子〉

花藝膠帶

〈葉子〉與莖部一起彙整成束，
纏繞花藝膠帶。

纏繞

大理花（麗飾花型）造型胸針　＞P.35

材料

・〈A〉〈A'〉〈B〉H210／〈C〉〈D〉H740／〈E〉〈F〉〈G〉B900／
〈葉子〉〈胸針底座〉449（綠色※與底座共通）、213（茶色）
・鐵絲（#24）2根・長3.5cm安全別針（No.59／K）1支
・厚紙・縫線・手藝用白膠

作法

○各部分作法
　依圖示中記載各作法頁說明完成製作。
○彙整方法
〈底座〉縫別針後，利用白膠（或熱熔膠槍），黏貼
各部分。※胸針作法請參照P.12。

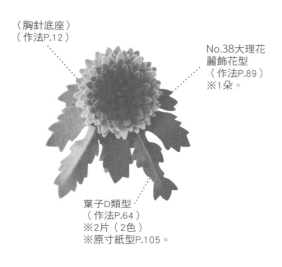

〈胸針底座〉
（作法P.12）

No.38大理花
麗飾花型
（作法P.89）
※1朵。

葉子D類型
（作法P.64）
※2片（2色）
※原寸紙型P.105。

彙整方法

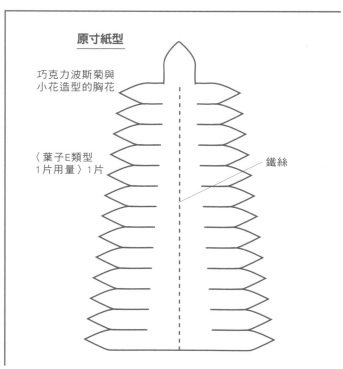

〈胸針底座〉
※背面側。

以白膠黏貼〈大理花〉

〈葉子〉
基部塗抹白膠，
重疊黏貼2片。

原寸紙型

〈胸針底座〉2片
※直徑4.5cm。
※其中一片裁大一點，
貼合後進行修剪。

原寸紙型

巧克力波斯菊與
小花造型的胸花

〈葉子E類型
1片用量〉1片

鐵絲

巧克力波斯菊與小花造型的胸花 ＞P.38

材料

- ・No.41巧克力波斯菊　〈花心〉C400／〈花瓣〉H210
- ・風信子　〈花瓣〉U040／大圓珠（221／T）6顆／
鐵絲（#30）6根
- ・〈葉子①〉G550／鐵絲（#24）3根
- ・〈葉子②〉G940／鐵絲（#24）2根
- ・長3.5cm安全別針（No.59／K）1支
- ・花藝膠帶・縫線・手藝用白膠

作法

- ○各部分作法
  依圖示中記載各作法頁說明完成製作。
- ○彙整方法
  風信子與葉子的鐵絲莖部彙整成束，纏繞花藝膠
  帶。利用花藝膠帶，將別針纏繞固定於莖部，以白膠
  黏貼巧克力波斯菊。　※胸花作法請參照P.14。

風信子
（作法P.107）
※1朵（6片）
〈鐵絲#30〉

葉子①E類型
（作法P.64）
※3片。
〈鐵絲#24〉

No.41巧克力波斯菊
（作法P.91）
※2朵。

葉子②D類型
（作法P.64）
※2片。
※原寸紙型P.104
〈葉子②〉。

彙整方法

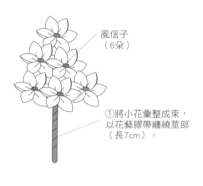

風信子
（6朵）

①將小花彙整成束，
以花藝膠帶纏繞莖部
（長7cm）。

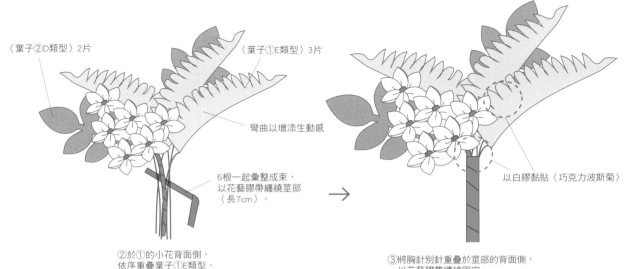

〈葉子②D類型〉2片

〈葉子①E類型〉3片

彎曲以增添生動感

6根一起彙整成束，
以花藝膠帶纏繞莖部
（長7cm）。

②於①的小花背面側，
依序重疊葉子①E類型、
葉子②D類型，
以花藝膠帶彙整莖部。

以白膠黏貼〈巧克力波斯菊〉

③將胸針別針重疊於莖部的背面側，
以花藝膠帶纏繞固定。
莖部與葉子上黏貼〈巧克力波斯菊〉。

茶花（侂助）造型胸花（白色系）＞P.40

材料

・〈花心〉Y890／〈花瓣〉U040／
〈葉子〉G550（上側）・G940（下側）／鐵絲（#24）3根
・長3.5cm安全別針（No.59／K）1支
・花藝膠帶・手藝用白膠

作法

○各部分作法
依圖示中記載各作法頁說明完成製作。
○彙整方法
將葉子的鐵絲莖部彙整成束，纏繞花藝膠帶。利用花藝膠帶，將胸針別針纏繞固定於莖部，以白膠黏貼花朵。
※胸花作法請參照P.14。

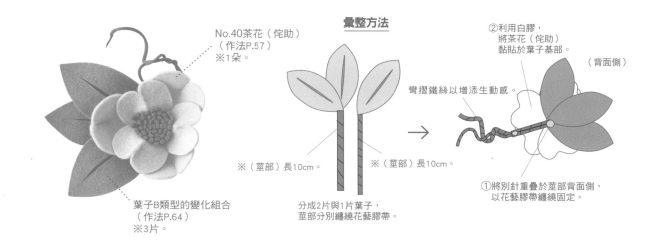

No.40茶花（侂助）
（作法P.57）
※1朵。

葉子B類型的變化組合
（作法P.64）
※3片。

彙整方法

※（莖部）長10cm。

※（莖部）長10cm。

分成2片與1片葉子，
莖部分別纏繞花藝膠帶。

彎摺鐵絲以增添生動感。

②利用白膠，
將茶花（侂助）
黏貼於葉子基部。

（背面側）

①將別針重疊於莖部背面側，
以花藝膠帶纏繞固定。

茶花（侂助）造型胸花（紅色系）＞P.40

材料

・〈花心〉C400／〈花瓣〉R760／
〈葉子〉G940（上側）／G550（下側）／鐵絲（#24）3根
・長3.5cm安全別針（No.59／K）1支
・花藝膠帶・手藝用白膠

作法

○各部分作法
依圖示中記載各作法頁說明完成製作。
○彙整方法
將葉子的鐵絲莖部彙整成束，纏繞花藝膠帶。利用花藝膠帶，將別針纏繞固定於莖部，以白膠黏貼花朵與花蕾。　※胸花作法請參照P.14。

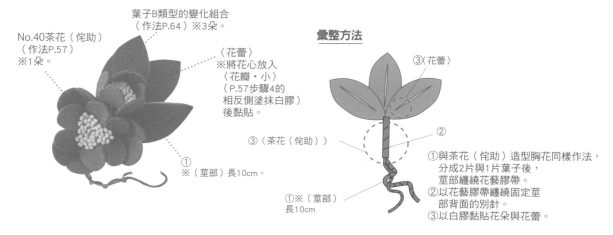

葉子B類型的變化組合
（作法P.64）※3朵。

No.40茶花（侂助）
（作法P.57）
※1朵。

〈花蕾〉
※將花心放入
〈花瓣・小〉
（P.57步驟4的
相反側塗抹白膠）
後黏貼。

③〈茶花（侂助）〉

①
※（莖部）長10cm。

彙整方法

③〈花蕾〉

②

①※（莖部）
長10cm

①與茶花（侂助）造型胸花同樣作法，
分成2片與1片葉子後，
莖部纏繞花藝膠帶。
②以花藝膠帶纏繞固定莖
部背面的別針。
③以白膠黏貼花朵與花蕾。

茶花（侘助）造型胸花（大）　＞P.40

材料

・No.40茶花（侘助）　〈花心〉Y890／〈花瓣・大〉W330／〈花瓣・小〉
C450
・No.29覆盆子　〈花心〉C400／〈花瓣〉U040／
〈花萼A〉G550／直徑0.8cm小絨球（紫色）3顆／
25號繡線 紫色（DMC210）／鐵絲（＃24）3根
・風信子　〈花瓣〉H740／大圓珠（22／T）5顆／
鐵絲（＃30）5根
・〈葉子・深色〉G940（上側）G550（下側）／
　〈葉子・淺色〉G550（上側）・G250（下側）／鐵絲（＃24）5根
・長3.5cm安全別針（No.59／K）1支・花藝膠帶
・縫線・手藝用白膠

作法

○各部分作法
依圖示中記載各作法頁說明完成製作。
○彙整方法
葉子、覆盆子與風信子的鐵絲，分別彙整成束，纏繞
花藝膠帶。3種鐵絲彙整成束後，利用花藝膠帶，將
別針纏繞固定於莖部，以白膠黏貼茶花（侘助）與花
蕾。　※胸花作法請參照P.14。

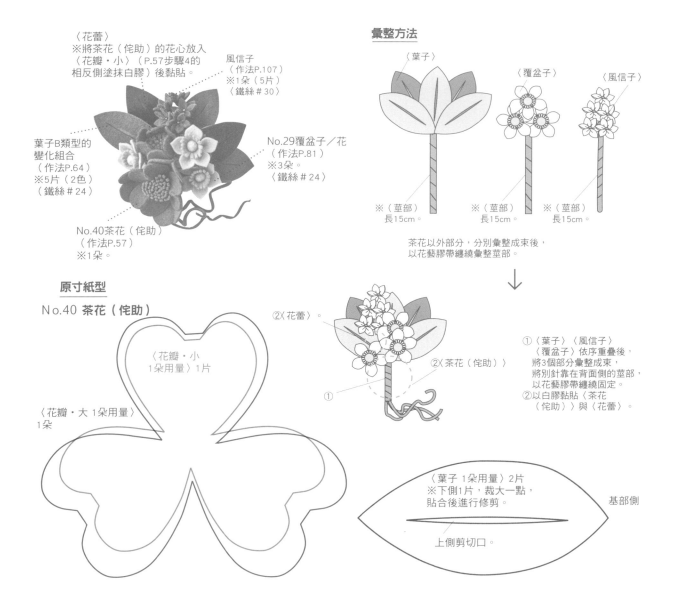

〈花蕾〉
※將茶花（侘助）的花心放入
〈花瓣・小〉（P.57步驟4的
相反側塗抹白膠）後黏貼。

風信子
（作法P.107）
※1朵（5片）
〈鐵絲＃30〉

葉子B類型的
變化組合
（作法P.64）
※5片（2色）
（鐵絲＃24）

No.29覆盆子／花
（作法P.81）
※3朵。
〈鐵絲＃24〉

No.40茶花（侘助）
（作法P.57）
※1朵。

彙整方法

〈葉子〉　〈覆盆子〉　〈風信子〉

※（莖部）
長15cm。　※（莖部）
長15cm。　※（莖部）
長15cm。

茶花以外部分，分別彙整成束後，
以花藝膠帶纏繞彙整莖部。

②〈花蕾〉。

②〈茶花（侘助）〉。

①

①〈葉子〉〈風信子〉
〈覆盆子〉依序重疊後，
將3個部分彙整成束，
將別針靠在背面側的莖部，
以花藝膠帶纏繞固定。
②以白膠黏貼〈茶花
（侘助）〉與〈花蕾〉。

原寸紙型

No.40 茶花（侘助）

〈花瓣・小
1朵用量〉1片

〈花瓣・大 1朵用量〉
1朵

〈葉子 1朵用量〉2片
※下側1片，裁大一點，
貼合後進行修剪。

上側剪切口。

基部側

111

冬季花圈 > P.42

材料

- 〈葉子a至c〉440・442・444・446 ※依喜好使用／〈葉子用鐵絲（#24）〉58根／彙整用鐵絲（#30）適量
- No.43聖誕玫瑰　〈花心A〉235／〈花心B〉662／〈花瓣・小〉770／〈花瓣・大〉770
- No.46風鈴桔梗　〈花心A〉219／〈花心B〉221／〈花瓣〉213
- No.42茶花（乙女）　〈花心〉〈花瓣・小〉770／〈花瓣・中〉771／〈花瓣・大〉273／鐵絲（#26）1根
　直徑1cm木珠（R10-6　圓木／T）1顆
- No.45友禪菊　〈花心〉219／〈花瓣〉662
- 手藝用白膠・縫線

作法

○各部分作法
　依圖示中記載各作法頁說明完成製作。
○彙整方法
　製作花圈基底，以白膠黏貼花朵。

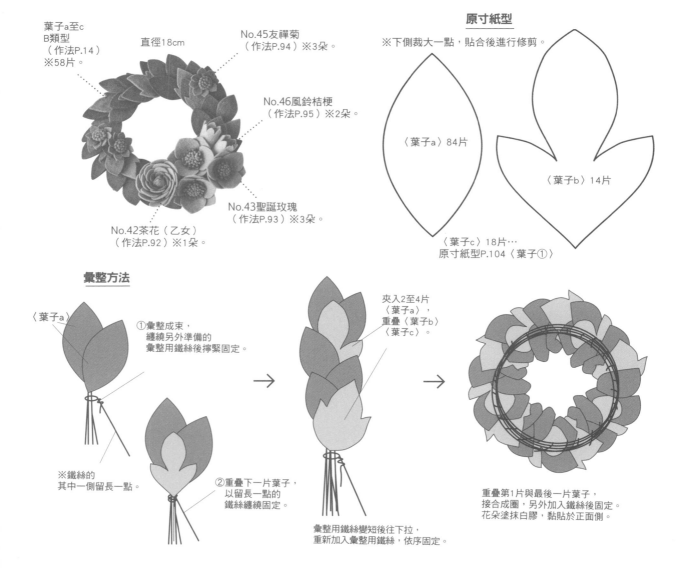

葉子a至c
B類型
（作法P.14）
※58片。

直徑18cm

No.45友禪菊
（作法P.94）※3朵。

No.46風鈴桔梗
（作法P.95）※2朵。

No.43聖誕玫瑰
（作法P.93）※3朵。

No.42茶花（乙女）
（作法P.92）※1朵。

原寸紙型

※下側裁大一點，貼合後進行修剪。

〈葉子a〉84片

〈葉子b〉14片

〈葉子c〉18片…
原寸紙型P.104〈葉子①〉

彙整方法

〈葉子a〉

①彙整成束，
纏繞另外準備的
彙整用鐵絲後撐緊固定。

※鐵絲的
其中一側留一點。

②重疊下一片葉子，
以留長一點的
鐵絲纏繞固定。

夾入2至4片
〈葉子a〉，
重疊〈葉子b〉
〈葉子c〉。

彙整用鐵絲變短後往下拉，
重新加入彙整用鐵絲，依序固定。

重疊第1片與最後一片葉子，
接合成圈，另外加入鐵絲後固定。
花朵塗抹白膠，黏貼於正面側。

112

善用零碎布片的小花大集合　＞P.44

材料

- ・※淋漓盡致地使用不織布。
- ・香菫菜用　喜愛的小圓珠／懷舊玫瑰、勿忘我用　喜愛的大圓珠
- ・〈飾品組件〉戒台（15mmG／K）1個／
圓盤狀髮夾（G／K）2個／
耳環組件（圓盤螺絲型／K）1組
心形針（圓盤15mmG／K）
- ・縫針＆縫線・手藝用白膠

作法

- ○各部分作法
依圖示中記載各作法頁說明完成製作。
- ○彙整方法
製作飾品時，利用白膠（熱熔膠不容易黏合，需留意），黏貼於市售台座組件上。

花朵作法

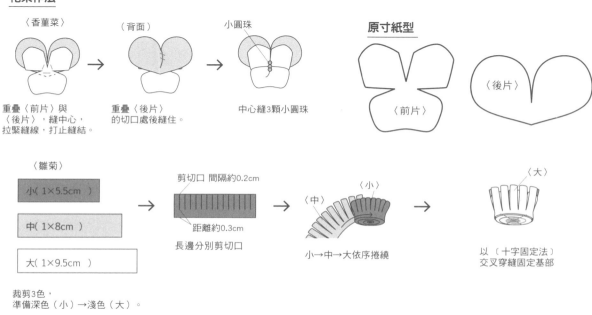

〈香菫菜〉　〈背面〉　小圓珠　　原寸紙型

重疊〈前片〉與〈後片〉，縫中心，拉緊縫線，打止縫結。

重疊〈後片〉的切口處後縫住。

中心縫3顆小圓珠

〈前片〉　〈後片〉

〈雛菊〉

小（ 1×5.5cm ）
中（ 1×8cm ）
大（ 1×9.5cm ）

裁剪3色，
準備深色（小）→淺色（大）。

剪切口　間隔約0.2cm
距離約0.3cm
長邊分別剪切口

〈中〉　〈小〉
小→中→大依序捲繞

〈大〉
以〔十字固定法〕
交叉穿縫固定基部

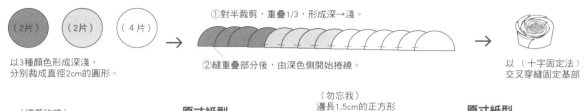

〈捲繞玫瑰〉

（2片）　（2片）　（4片）

以3種顏色形成深淺，
分別裁成直徑2cm的圓形。

①對半裁剪，重疊1/3，形成深→淺。
②縫重疊部分後，由深色側開始捲繞。

以〔十字固定法〕
交叉穿縫固定基部

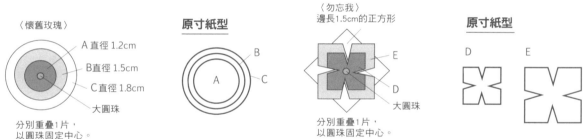

〈懷舊玫瑰〉

A 直徑 1.2cm
B 直徑 1.5cm
C 直徑 1.8cm
大圓珠

分別重疊1片，
以圓珠固定中心。

原寸紙型

B
A
C

〈勿忘我〉
邊長1.5cm的正方形

E
D
大圓珠

分別重疊1片，
以圓珠固定中心。

原寸紙型

D　E

超迷你小花造型的花飾（小） > P.45

材料

○不織布
・使用剩餘不織布或已裁好花片形狀的市售「不織布主題圖案」。
・〈底座〉442
○其他
・喜愛的大圓珠・小圓珠
・長3.5cm安全別針（No.59／K）1支
・厚紙・縫線・手藝用白膠

作法

○各部分作法
　依圖示組合A至E後重疊。
○彙整方法
　〈底座〉縫別針後，利用白膠（或熱熔膠槍），黏貼各部分。※胸針作法請參照P.12。

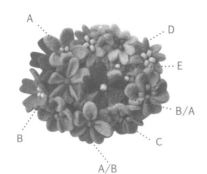

A
D
E
B/A
B
C
A/B

各部分作法

※A至E原寸紙型於P.115。

C

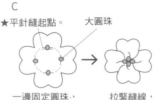

★平針縫起點。　大圓珠

一邊固定圓珠，一邊縫花瓣基部後，再縫★處。

拉緊縫線，打止縫結。

※A至D與C同樣作法製作。

A　　B　　D
大圓珠4顆

小圓珠5顆　小圓珠5顆

A/B

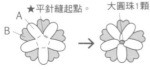

★平針縫起點。　大圓珠1顆
A
B

縫一圈後，再縫★處。

拉緊縫線，打止縫結，中心縫珠。
※製作另一色。

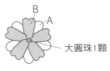

※A疊在下方，同樣作法。
B
A
大圓珠1顆

B/A...1朵

★平針縫起點。　小圓珠1顆

縫一圈後，再縫★處。

拉緊縫線，打止縫結，中心縫珠。

彙整方法

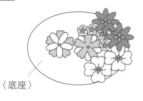

〈底座〉

②〈底座〉縫別針後，利用白膠，黏貼喜愛的小花。
※胸針作法請參照P.12。

原寸紙型

〈底座〉2片
※其中一片裁大一點，貼合後進行修剪。

超迷你小花造型的花飾（大） ＞P.45

材料

○不織布
・使用剩餘不織布或已裁好花片形狀的市售「不織布主題圖案」。
・〈底座〉442
○其他
・喜愛的大圓珠・厚紙
・縫線・手藝用白膠

作法

○各部分作法
　依圖示製作A至E。
○彙整方法
〈底座〉1片，利用圓珠，依喜好，依序縫住花片，夾入裁小一圈的厚紙後，貼合另一片〈底座〉。 ※製作吊飾時，組裝D形環，作成胸針時，底座縫別針（別針縫法請參照P.12）。

超迷你小花 8種

各部分作法

超迷你小花重疊方法 ※由左至右，由下往上依序重疊。

A2片　　B2片/D/E　　A/B　　B/A　　B2片/E　　A/D/E　　D2片/E

D/E

彙整方法

利用圓珠，縫住重疊在一起的主題圖案。

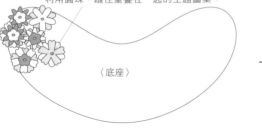

〈底座〉

①〈底座〉1片，縫上小花。
※形成空隙時，利用圓珠，固定1片小花E。

當作鍊墜或包包裝飾等吊飾時，
事先縫上D形環。

②另一片〈底座〉，
以白膠黏貼裁小一圈的厚紙，重疊步驟①後，
以白膠黏貼。

厚紙

〈底座〉

原寸紙型

A至E超迷你小花 ※胸針（作法P.114）共通。
※作品中使用的花片以裁好下圖尺寸的「不織布花主題圖案」（SUN FELT）商品為主。

A
B
C
D
E

D形環組裝位置

〈底座〉2片
※其中一片裁大一點，
貼合後進行修剪。

No.2 茶玫瑰 ※各1朵用量。

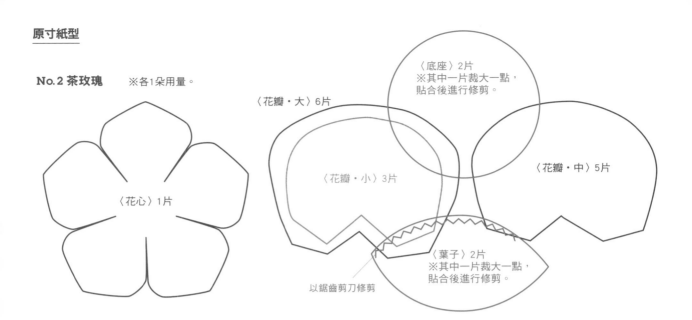

〈花瓣·大〉6片

〈底座〉2片
※其中一片裁大一點，
貼合後進行修剪。

〈花心〉1片

〈花瓣·小〉3片

〈花瓣·中〉5片

〈葉子〉2片
※其中一片裁大一點，
貼合後進行修剪。

以鋸齒剪刀修剪

No.4 英國玫瑰 ※各1朵用量。

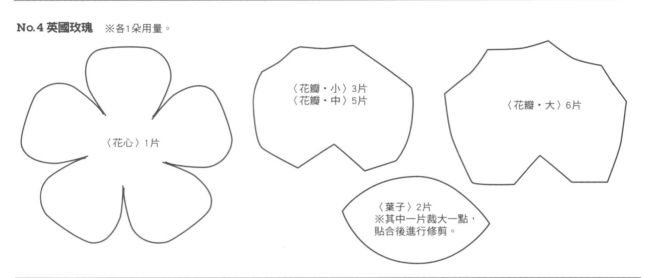

〈花瓣·小〉3片
〈花瓣·中〉5片

〈花瓣·大〉6片

〈花心〉1片

〈葉子〉2片
※其中一片裁大一點，
貼合後進行修剪。

No.5 迷你玫瑰 ※各1朵用量。

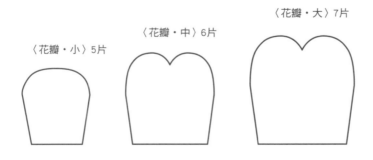

〈花瓣·大〉7片

〈花瓣·中〉6片

〈花瓣·小〉5片

No.3 **古典玫瑰** ※各1朵用量。

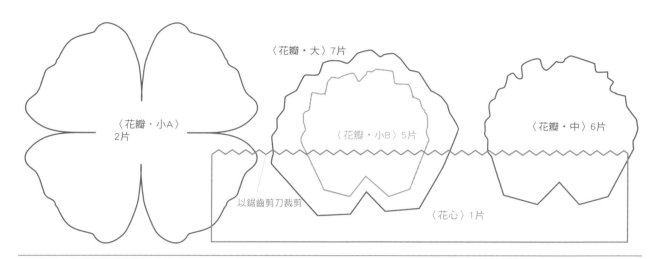

〈花瓣・大〉7片

〈花瓣・小A〉2片

〈花瓣・小B〉5片

〈花瓣・中〉6片

以鋸齒剪刀裁剪

〈花心〉1片

No.6 **野玫瑰** ※各1朵用量。

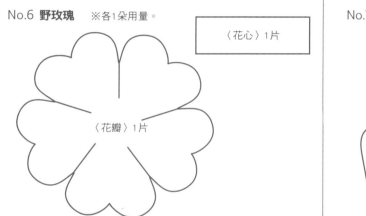

〈花心〉1片

〈花瓣〉1片

No.7 **大馬士革玫瑰** ※各1朵用量。

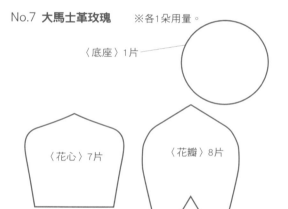

〈底座〉1片

〈花心〉7片

〈花瓣〉8片

No.20 **梔子花**
※各1朵用量。

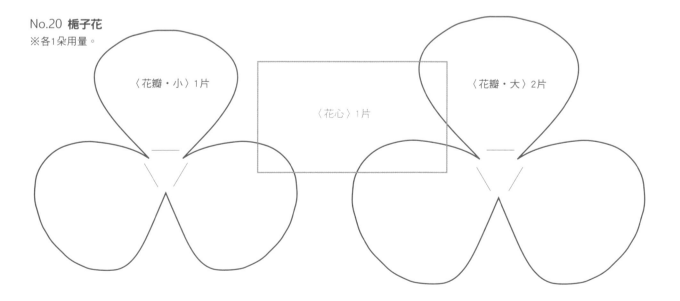

〈花瓣・小〉1片

〈花心〉1片

〈花瓣・大〉2片

No.11 非洲菊　※各1朵用量。

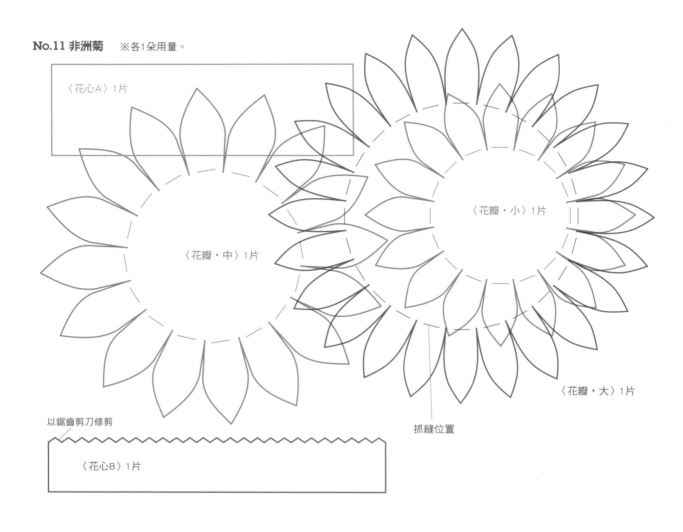

〈花心A〉1片

〈花瓣・中〉1片

〈花瓣・小〉1片

〈花瓣・大〉1片

抓縫位置

以鋸齒剪刀修剪

〈花心B〉1片

No.37 大理花（牡丹花型）　※各1朵用量。

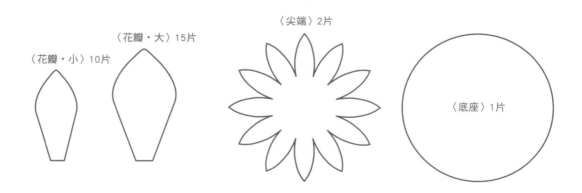

〈花瓣・小〉10片

〈花瓣・大〉15片

〈尖端〉2片

〈底座〉1片

INDEX一 花索引

PieniSieni（ピエニシエニ）

日本FELTART協會代表理事。
不使用繡框就能夠完成立體刺繡圖案的OFF HOOP技法創始人。
在不織布布片上縫珠或刺繡，製作色彩繽紛的花朵與昆蟲等不織布相關創作。
曾榮獲日本文部科學大臣賞等多項大獎。
著有《フェルトで作る花モチーフ92》（講談社）、《フェルトと遊ぶ》（マガジンランド）等。
2018年於池袋コミュニティ カレッジ、SUNFELT SHOP、VOGUE學園開辦講座。
Blog https://pienisieni.exblog.jp/

※未經日本FELTART協會同意，不得將本著作物之內容與技法以任何形式使用刊載。

材料提供

・SUNFELT株式會社：TEL 03-3842-5562／http://www.sunfelt.co.jp/
・株式會社貴和製作所：淺草橋本店 TEL 03-3863-5111／http://kiwaseisakujo.jp/shop/
・株式會社FUJIX：TEL 06-6978-8112／http://fix.co.jp/

道具提供

・CLOVER株式會社：TEL 06-6978-2277（客服部）

撮影協力

・awabees
・Olgou：東京都目黒区上目黒1-10-6／TEL 03-3463-0509
──提籃（P.29）／毛衣（模特兒穿著）
・Boutique JEANNE VALET：東京都渋谷区代官山町13-6／TEL 03-3464-7612
──襯衫&裙子（模特兒穿著）

⊙Fun手作 145

50款永不凋謝的不織布擬真花
手作花圖鑑

作　　　　者／	PieniSieni
譯　　　　者／	林麗秀
發　行　人／	詹慶和
執　行　編　輯／	劉蕙寧
編　　　　輯／	蔡毓玲・黃璟安・陳姿伶
封　面　設　計／	周盈汝
內　頁　排　版／	周盈汝
美　術　編　輯／	陳麗娜・韓欣恬
出　版　者／	雅書堂文化事業有限公司
發　行　者／	雅書堂文化事業有限公司
郵政劃撥帳號／	18225950
戶　　　　名／	雅書堂文化事業有限公司
地　　　　址／	220新北市板橋區板新路206號3樓
網　　　　址／	www.elegantbooks.com.tw
電　子　信　箱／	elegant.books@msa.hinet.net
電　　　　話／	(02)8952-4078
傳　　　　真／	(02)8952-4084

2021年11月初版一刷　定價480元

ICHIBAN YASASHII FELT NO HANAZUKURI
© PieniSieni 2018
Originally published in Japan in 2018 by X-Knowledge Co., Ltd.
Chinese (in complex character only) translation rights arranged with
X-Knowledge Co., Ltd. TOKYO,
through Keio Cultural Enterprise Co., Ltd. TAIWAN.

經銷／易可數位行銷股份有限公司
地址／新北市新店區寶橋路235巷6弄3號5樓
電話／(02)8911-0825　傳真／(02)8911-0801

版權所有・翻印必究
※本書作品禁止任何商業營利用途（店售・網路販售等）&刊載，請單純享受個人的手作樂趣。
※本書如有缺頁，請寄回本公司更換。

國家圖書館出版品預行編目資料(CIP)資料

50款永不凋謝的不織布擬真花・手作花圖鑑/
PieniSieni著；林麗秀譯. -- 初版. -- 新北市：雅書堂
文化, 2021.11
　面；　公分. -- (Fun手作; 145)
ISBN 978-986-302-602-0 (平裝)

1.裝飾品 2.手工藝

426.9　　　　　　　　　　　　　110015768